LA NAVIGATION AÉRIENNE

PAR M. ARTHUR MANGIN

TOURS

ALFRED MAME ET FILS

ÉDITEURS

BIBLIOTHÈQUE

DE LA

JEUNESSE CHRÉTIENNE

APPROUVÉE

PAR MGR L'ARCHEVÊQUE DE TOURS

—

SÉRIE PETIT IN-8°

V

Chute d'un aérostat.

LA

NAVIGATION

AÉRIENNE

PAR M. ARTHUR MANGIN

NOUVELLE ÉDITION

Entièrement refondue et mise au niveau des connaissances actuelles

TOURS

ALFRED MAME ET FILS, ÉDITEURS

M DCCC LXXV

LA

NAVIGATION

AÉRIENNE

I

Essais théoriques et pratiques de navigation aérienne depuis les temps anciens jusqu'à la fin du XVIIIe siècle.

L'invention des aérostats est tout à fait moderne, puisqu'elle date seulement de la fin du siècle dernier; mais il est probable que l'idée si séduisante de planer au-dessus des demeures terrestres, d'explorer les régions supérieures de l'atmosphère et de suivre les nuages dans leur course flatta de bonne heure les imaginations ardentes, et que plus d'un esprit audacieux chercha jadis dans l'imitation du vol des oiseaux les moyens de réaliser ce beau rêve. On connaît l'aventure d'Icare, qui, selon la mythologie grecque, réussit à franchir les murs du labyrinthe de Crète avec des ailes artificielles, puis, s'étant trop approché du soleil, dont la chaleur fit fondre la cire qui attachait les ailes à ses épaules, tomba dans la mer, où il périt victime de sa témérité. Lucien raconte, d'autre part, que le devin du temple d'Hiérapolis s'élevait dans l'air; et Diodore de Sicile, que le Scythe Abaris fit en volant le tour du globe.

Laissons de côté les fables; interrogeons l'histoire; et si nous y apercevons à peine çà et là, dans une longue suite de siècles, la trace de quelques pas incertains vers la solution du problème de la navigation aérienne, nous y verrons cependant la preuve que cette solution fut, à diverses époques, l'objet de recherches plus ou moins éclairées, plus ou moins intelligentes.

La première tentative aérostatique qui ait une certaine authenticité est celle d'Archytas de Tarente, fameux géomètre et philosophe pythagoricien (1). Favorinus, et après lui Aulu-Gelle affirment que ce savant avait construit un oiseau artificiel en bois, ayant à peu près la forme d'un pigeon. « Cet oiseau, dit Aulu-Gelle, pouvait voler par le moyen d'une puissance mécanique; il se soutenait en contre-balançant la force qui tendait à le faire tomber; il était animé par le souffle d'un esprit occulte qui y était renfermé (2). » Qu'était-ce que cet *esprit occulte?* probablement une supposition à l'aide de laquelle l'auteur a voulu expliquer ce qu'il ne comprenait pas; car Favorinus, sur l'assertion de qui il appuie la sienne, ne parle point de souffle ni d'esprit, et même, après avoir dit que le pigeon d'Archytas pouvait voler, il ajoute que *s'il venait à tomber il ne pouvait se relever*. Certains commentateurs ont voulu voir dans cet *esprit* un gaz plus léger que l'air (l'hydrogène sans doute); mais, outre que l'état de la science chimique au temps d'Archytas rend cette interprétation tout à fait improbable, la circonstance relatée par Favorinus paraît lui ôter toute valeur.

Pendant une longue période, on ne rencontre plus dans les auteurs sérieux aucune mention d'essais analogues. Il nous faut donc arriver de plain-saut à Roger Bacon. Celui-ci dit, dans son ouvrage *de Mirabili Potestate artis et naturæ,* qu'on *peut* faire *quelques* instruments volants, de manière qu'un homme assis au milieu fasse, au moyen de *quelque* mécanisme, mouvoir des ailes artificielles qui *puissent* battre l'air. Ceci est fort vague, comme on le voit.

(1) Il vivait au IVe siècle avant l'ère chrétienne. Le poëte Horace lui a consacré une ode qui commence par ces beaux vers :

Te maris et terræ numeroque carentis arenæ
  Mensorem cohibent, Archyta,
Pulveris exigui prope littus parva Matinum
  Munera : nec quidquam tibi prodest
Aerias tentasse domos, animoque rotundum
  Percurrisse polum, morituro !...

(Hor. lib. I, od. 23.)

(2) Ita erat scilicet libramentis suspensum, et aura spiritus inclusa atque occulta consitum.

(Aul. Gell. *Noct. Attic.*, lib. X, cap. XII.)

Quelques auteurs ont cependant cru pouvoir attribuer à Roger Bacon l'invention des aérostats, en se fondant sur ce passage, comme on lui a aussi, sur des titres de même valeur, décerné le brevet d'inventeur de la poudre à canon.

Le siècle de Roger Bacon fut, on se le rappelle, celui où, l'Europe se remettant enfin de secousses produites par la formation laborieuse des États modernes et par le grand mouvement des croisades, les spéculations scientifiques, philosophiques et littéraires, les arts et l'industrie commencèrent à reprendre leur essor; ce fut en quelque sorte l'âge d'une *première renaissance;* mais on avait perdu trop de terrain pendant ces mille années de convulsions nécessaires à l'enfantement d'un monde nouveau, pour que la trace des secrets de la nature se retrouvât aisément; et il devait s'écouler quatre siècles encore avant que, grâce à l'initiative puissante d'un autre Bacon, la science physique, mise en possession d'une méthode nouvelle, pût marcher d'un pas ferme dans la voie du progrès. Ne nous étonnons donc pas si, pendant cet intervalle, les recherches et les expériences relatives à l'aérostation n'amenèrent aucun résultat, et si nous ne trouvons dans la plupart des livres écrits sur ce sujet que des aperçus erronés ou des fables absurdes. C'est ainsi qu'on a écrit que Jean Muller, connu sous le nom de *Régiomontain* (1), fit un aigle artificiel qui, lors de l'entrée de Charles-Quint à Nuremberg, vola au-devant de l'Empereur, et revint avec lui dans la ville. Or, à part les autres invraisemblances, il y a une très-bonne raison de ne rien croire de cette aventure : c'est que Régiomontain mourut en 1476, c'est-à-dire près d'un quart de siècle avant la naissance de Charles-Quint. D'après le même auteur, ce Jean Muller aurait aussi confectionné une mouche *en fer* qui volait dans la chambre, et venait, après quelques évolutions, se poser dans la main de son maître.

Parmi les hommes qu'on s'est avisé de considérer comme inventeurs de l'aérostation, nous citerons encore un peintre justement renommé, Léonard de Vinci; mais il nous est

(1) Né à Koningshowen ou à Kœnigsberg, en 1346, et célèbre surtout comme astronome. Ramus est le seul auteur qui parle des deux automates dont il est ici question : aucun historien allemand n'en avait dit mot. Jean Muller mourut à Rome, où le pape Sixte IV l'avait appelé.

absolument impossible de dire sur quelle circonstance a pu être fondée cette allégation.

Au XVIIe siècle, nous voyons le sujet qui nous occupe traité avec quelque étendue par l'Anglais John Wilkins, évêque presbytérien de Chester (1). Cet écrivain déclare d'abord, dans sa *Découverte du nouveau monde*, qu'il croit à la possibilité d'une navigation aérienne fondée sur le même principe que la navigation ordinaire, c'est-à-dire sur la propriété qu'ont les vaisseaux de se soutenir à la surface d'un fluide, pourvu qu'ils soient remplis d'un fluide plus léger. Rien jusque-là que de juste et de rationnel. Mais, essayant ensuite dans son *Dédale* une théorie de la nouvelle navigation, ou du moins examinant par quels procédés on y parviendrait, Wilkins, perdant de vue son point de départ, et ne s'appuyant plus d'aucune donnée scientifique, s'égare dans des utopies absurdes. On peut, selon lui, concevoir la solution du problème par quatre moyens différents : soit 1° *par les esprits ou anges*, soit 2° par les oiseaux, soit 3° par des ailes attachées au corps, soit enfin 4° par un char volant. Nous ne ferons pas à Wilkins l'honneur de le suivre dans son exposé des deux premières méthodes, l'une supposant que l'homme pourrait asservir à ses caprices les puissances célestes, l'autre qu'on parviendrait à dompter, à atteler et à diriger dans les airs les oiseaux, comme on fait des chevaux et des mulets sur les routes. Nous nous bornerons donc à passer rapidement en revue avec lui les deux dernières solutions. Il ne regarde pas la troisième comme impraticable, et cite à l'appui de son opinion plusieurs tentatives qui, sans avoir été couronnées de succès, lui semblent néanmoins démontrer que l'art de voler est susceptible de perfectionnement. Il pense que, pour réussir dans ce genre, il suffirait de s'exercer dès l'âge le plus tendre et de poursuivre le but avec une persévérance opiniâtre; cependant il reconnaît que les bras et les muscles pectoraux de l'homme sont loin d'avoir assez de force pour faire mouvoir des ailes, n'ayant pas été destinés à cet usage par le Créateur. « Il serait donc à propos, ajoute-t-il, de considérer si les pieds, qui sont naturellement plus forts et

(1) Né à Fawsley (comté de Northampton) en 1614, mort à Londres en 1672.

plus capables de supporter la fatigue, ne réussiraient pas mieux; d'après cela, les ailes partiraient des épaules de chaque côté, mais le mouvement se ferait avec les jambes; les mains et les bras seraient pour aider et diriger les mouvements, ou pour quelque autre usage proportionné à leurs forces. » Quant à la quatrième solution, Wilkins la trouve *tout à fait probable.* On va voir combien la manière dont il l'envisage est confuse et mal raisonnée : « C'est, dit-il, au moyen d'un char volant qui *peut être fait* de façon à enlever un homme; et quoiqu'on pût employer la force d'un ressort pour donner le mouvement à cette machine, *il serait mieux encore d'avoir quelque moteur intelligent, comme celui qui est supposé donner le mouvement aux orbes célestes.* C'est pourquoi, *si elle était suffisamment grande* pour enlever plusieurs personnes à la fois, chacune *pourrait* travailler à son tour à donner le mouvement, qui, de cette manière, durerait plus longtemps que s'il ne dépendait que d'un seul homme. Cette méthode est autant au-dessus des autres que se servir d'un vaisseau est au-dessus de nager. »

Le seul physicien d'alors dont les vues sur l'aérostation aient eu quelque chose de judicieux et de rationnel est le R. P. jésuite François Lana. Il prit pour point de départ la pesanteur de l'air, et en inféra qu'un vaisseau où l'on aurait fait le vide pèserait moins que le volume d'air qu'il déplacerait; qu'il serait donc possible de construire un globe creux dont les parois auraient une épaisseur telle, que, quand il ne contiendrait plus d'air, il monterait dans ce milieu avec un poids additionnel. Lana donna même les calculs nécessaires pour déterminer la grandeur de quatre vaisseaux sphériques en cuivre qui, une fois qu'on en aurait épuisé l'air, enlèveraient, croyait-il, dans l'atmosphère une nacelle avec des voyageurs. La seule chose (très-importante pourtant) dont il n'ait pas tenu compte dans ses calculs, c'est la pression de l'air, qui, s'exerçant sur la surface extérieure des ballons, et n'étant neutralisée par aucune tension intérieure, eût nécessairement écrasé la machine; d'autres difficultés d'exécution insurmontables empêchèrent sans doute qu'on pût tenter l'expérience.

Vers le même temps, un nommé Jean-Baptiste Dante fabriqua, dit Bourgeois dans ses *Recherches sur l'art de voler,* des ailes qui lui servirent à s'élever dans l'air plusieurs fois; mais un jour il lui arriva de se casser une jambe, et il ne recommença plus ses exercices.

Le *Journal des savants* du 12 septembre 1678 parle aussi d'un certain Besnier qui parvint, avec quatre ailes attachées à son corps et mues par ses seules forces, à descendre lentement et très-obliquement d'un lieu élevé jusqu'à terre; il pouvait ainsi traverser une rivière ou tout autre espace semblable proche d'une élévation. Le fait assurément n'a rien d'improbable; mais on n'y voit rien non plus d'intéressant pour la science.

En 1709, un portugais, Bartholoméo-Laurent de Guzman, présenta au roi son maître un mémoire dans lequel il disait avoir inventé une machine volante capable de porter des hommes, et de naviguer dans les airs avec une grande rapidité; le dessin de cette machine représentait un vaisseau ayant quelque chose de la forme d'un oiseau; le mécanisme en était aussi bizarre que compliqué : des tubes devaient amener le vent dans des espèces de voiles, et de cette manière élever la machine; à défaut de vent, le même effet devait être produit par des soufflets *ad hoc*. Le tout était surmonté d'un dais garni de morceaux d'ambre, l'inventeur s'imaginant que cette dernière substance contribuerait à rendre sa machine plus légère; enfin deux aimants étaient renfermés dans des sphères. On parvint, dit-on, à surprendre la religion du roi de Portugal au point d'obtenir de lui une ordonnance qui, pour engager le pétitionnaire à s'appliquer avec ardeur au perfectionnement de sa découverte, le nommait premier professeur de mathématiques à l'université de Coïmbre, lui promettait la première place vacante au collége de Santarem, et enfin lui allouait une pension de six cent mille réaux. Cette ordonnance, vraie ou fausse, est datée du 17 avril 1709. Inutile d'ajouter que la machine ne fut point exécutée.

Selon Bourgeois, que nous avons cité tout à l'heure, Bartholoméo-Laurent et Guzman seraient deux personnages différents, et le dernier aurait construit en 1736 un panier d'osier de deux à trois mètres de diamètre, qui se serait élevé de lui-même aussi haut que la tour de Lisbonne, c'est-à-dire à environ soixante-six mètres au-dessus du sol. Bourgeois dit tenir le fait de deux témoins oculaires étrangers l'un à l'autre, et dont l'un avouait avoir attribué ce prodige à la magie. Cependant il n'en est point fait mention dans les *Récréations physiques*, ouvrage publié en 1751 par le Portugais François d'Almeida, et contenant un dialogue sur l'art de voler.

Nous pourrions prolonger encore cette revue des diverses idées et des projets de toutes sortes qui ne firent que paraître et disparaître jusqu'au moment où des expériences concluantes, ayant amené des résultats positifs, vinrent couper court à tant d'aberrations. Mais ce que nous avons exposé suffira, nous le pensons, pour montrer à nos lecteurs combien, dans cette question si intéressante de la navigation aérienne, la lumière eut de peine à pénétrer, et dans quel labyrinthe de folies il fallut errer avant de trouver un fil conducteur au moyen duquel on pût espérer d'entrer enfin dans la bonne voie.

Aussi bien, nous sommes arrivés au milieu du XVIIIe siècle; nous n'avons donc qu'un pas à faire pour atteindre l'époque où la première partie du problème aéronautique (1) fut résolue d'une manière sinon définitive (2), au moins rationnelle et pratique.

II

Première expérience aérostatique faite à Annonay. — Les frères Montgolfier. — Leur vie, leurs travaux, leurs découvertes. — Invention des ballons à air dilaté.

Le jeudi 5 juin 1783, la petite ville d'Annonay en Vivarais offrait le spectacle d'une animation inaccoutumée : la population entière, grossie encore d'une foule de gens des environs, se portait vers la place principale. Les états particuliers de la province étaient alors réunis dans cette

(1) Nous entendons par *première partie du problème* le moyen de monter en l'air et de s'y maintenir ; la *seconde partie* est la direction des aérostats.

(2) Nous nous réservons d'expliquer plus loin le doute exprimé ici sur l'avenir des ballons.

localité; pourtant ce n'était pas une cause politique qui provoquait tout ce mouvement. Si quelque étranger, se trouvant là par hasard dans la foule, eût examiné attentivement les physionomies, il n'y eût vu que l'expression de la curiosité impatiente qu'excite la perspective d'un spectacle inusité; s'il eût prêté l'oreille aux conversations animées qui se croisaient en tous sens, il n'en eût rien compris, sinon qu'il s'agissait d'une chose nouvelle, tenant presque du prodige, et accueillie, comme sont toujours les choses nouvelles, par ceux-ci avec enthousiasme, par ceux-là avec incrédulité, sans qu'en général le sentiment des uns fût plus réfléchi que celui des autres. Cette merveille toutefois n'était pas de celles qu'on voit de temps à autre promenées dans les villes et dans les campagnes par des spéculateurs de bas étage, pour servir d'amusement au vulgaire; et il fallait bien qu'elle offrît un intérêt sérieux : car non-seulement on voyait mêlées à la foule des personnes distinguées et respectables, des prêtres, des gentilshommes, des savants, des magistrats, mais encore des députés aux états, spécialement invités, n'avaient pas dédaigné de suspendre leurs graves délibérations pour venir assister en corps à la cérémonie, qui revêtait ainsi un caractère presque solennel. Qu'allait-il donc se passer? Quel aimant magnétique attirait sur un même point, réunissait dans un même désir tant de gens différents d'âge, de sexe, d'esprit et de condition?... Suivons le flot, et voyons, nous aussi.

Un espace circulaire entouré d'une balustrade en bois, précaution nécessaire contre la curiosité tumultueuse du peuple, a été réservé sur la partie centrale de la place. Dans cette enceinte se dresse un appareil bizarre et peu fait pour flatter la vue : il se compose de quatre perches surmontées d'un châssis d'environ trois mètres carrés et soutenant à une certaine distance du sol une immense enveloppe de toile recouverte de papier, composée de plusieurs pièces jointes ensemble par des boutons et des boutonnières. Cela ne ressemble à rien qu'à un grand sac vide et renversé. L'orifice, relativement étroit, est tenu ouvert par un cercle en bois, et immédiatement au-dessous se trouve un tas de paille mêlée avec de la laine hachée. Une dizaine d'individus vont et viennent d'un air affairé autour de la machine; parmi eux on remarque deux hommes de quarante à quarante-cinq ans, à la physionomie intelligente; la ressemblance de leurs traits ne laisse aucun doute sur les liens d'étroite parenté qui les unissent. Ils portent seuls le costume des bourgeois aisés de l'époque : les autres, vêtus en artisans, reçoivent et exécutent leurs ordres. Les deux frères inspectent successivement avec une minutieuse attention toutes les parties de la machine, puis ils paraissent se concerter; la foule se presse autour de la balustrade, suivant des yeux leurs moindres mouvements; enfin l'un d'eux fait signe qu'il va parler : au brouhaha, aux chuchotements succède un profond silence.

« Messieurs, dit l'inconnu en s'adressant plus particulièrement aux députés, qui occupent les places d'honneur auprès de l'enceinte réservée, nous allons commencer l'expérience : on va allumer le tas de paille et de laine placé sous l'orifice de la machine; au bout de quelques minutes, cette enveloppe, gonflée par le gaz, prendra une forme sphérique et s'élèvera d'elle-même aussi haut que les nuages. »

En disant ces mots, il saisit une torche et met le feu au combustible, en même temps que les huit ouvriers saisissent les cordes attachées à la partie inférieure de la machine. La fumée, s'échappant du foyer qu'attisent les deux frères, s'engouffre dans l'enveloppe, qu'on voit se distendre et s'enfler rapidement jusqu'à ce qu'elle offre l'aspect d'un globe ayant plus de trente-trois mètres de circonférence. Alors elle s'ébranle, oscille, monte; les cordes se tendent, les ouvriers qui les retiennent sont presque soulevés. En ce moment le président des états donne le signal *de laisser aller*, et le ballon, abandonné à l'impulsion qui le sollicite, s'élève d'un mouvement accéléré aux acclamations du public, que ce spectacle étonnant pénètre d'admiration. Arrivé à la hauteur de deux cents mètres, le ballon s'arrête; puis, poussé par le vent dans une direction oblique, il va s'abattre doucement à près de dix-neuf cent cinquante mètres de son point de départ.

Nous venons d'assister, lecteurs, à la première expérience aérostatique qui ait obtenu la consécration d'un succès public. Les deux hommes par qui nous l'avons vu diriger avec tant de bonheur s'appelaient MM. DE MONTGOLFIER.

Voyons maintenant ce qu'étaient ces deux frères, et par quelle suite d'observations et d'essais ils étaient parvenus à un but poursuivi si longtemps en vain.

Joseph-Michel et Jacques-Étienne de Montgolfier appartenaient à une ancienne famille originaire des environs d'Ambert, en Auvergne (1). A la fin du XVIe siècle, un de leurs ancêtres, ayant perdu une grande partie de son avoir par suite des guerres civiles qui désolaient alors la France, quitta l'Auvergne et alla se réfugier dans les montagnes du Vivarais. Lorsque la conversion de Henri IV au catholicisme et son avénement au trône eurent rétabli l'ordre et la paix dans le royaume, Montgolfier s'établit avec sa famille à Vidalon-lez-Annonay, où il fonda une fabrique de papier, qui ne tarda pas à acquérir une grande importance. Au milieu du XVIIIe siècle, cette fabrique était honorablement connue dans toute l'Europe; elle était alors dirigée par Pierre de Montgolfier, industriel habile, et de plus homme intègre et bienfaisant, qui vivait en patriarche au milieu de ses ouvriers.

Pierre de Montgolfier eut trois fils. Nous ne dirons rien du premier, sinon qu'il mourut jeune et sans avoir laissé pour la postérité aucune trace de son passage en ce monde. Le second, Joseph-Michel, naquit à Annonay en 1740. Il fut placé de bonne heure, avec son aîné, au collége de Tournon. Mais déjà se montrait en lui un caractère bizarre, indomptable, une imagination inquiète et un esprit avide de l'inconnu. Incapable de se soumettre à la discipline uniforme et à l'enseignement méthodique du collége, il s'avisa un beau jour de franchir les murs de sa prison pour aller vivre de liberté et de coquillages sur les bords de la Méditerranée. Il avait alors treize ans. Voilà notre écolier cheminant par monts et par vaux, et s'imaginant que la manne allait lui tomber du ciel pour le nourrir. Au bout de deux jours la réalité commença de lui apparaître, et elle était loin de ressembler à l'idée qu'il s'en était faite. Pressé par le besoin, accablé de fatigue, il ne voulut néanmoins, soit mauvaise honte, soit obstination, rien tenter pour rentrer au collége ou dans sa famille. Il s'arrêta dans une ferme, où il demanda qu'on le fît travailler et qu'on

(1) Il existe au nord-est d'Ambert une petite colline qui portait encore, il y a quelques années, le nom de *mont Golfier*. Là s'élevait jadis la résidence de la famille dont nous parlons.

lui donnât un gîte et du pain. On l'employa à cueillir des feuilles de mûrier pour les vers à soie. Cependant ses parents, instruits de son escapade, s'étaient mis à sa recherche : ils n'eurent pas grand'peine à le découvrir, et, après une verte correction, ils le remirent aux mains de ses professeurs; mais ceux-ci ne parvinrent pas beaucoup mieux qu'auparavant à plier le jeune Michel à la règle commune; le grec, le latin, les études grammaticales et littéraires, en un mot, tout ce qui n'offrait pas à son esprit l'attrait d'une application immédiate, lui inspirait une invincible répugnance. Lorsque, pour la première fois, on lui mit entre les mains un traité d'arithmétique, sa vocation décidée pour les sciences se révéla d'une manière évidente, sans donner à ses maîtres plus de prise sur lui pour le diriger. Le jeune homme lut le traité d'arithmétique avec avidité; il saisit et retint tout d'un coup les principes fondamentaux sur lesquels reposent les mathématiques. Mais ici encore son esprit fantasque et impatient regimba contre la monotonie des déductions méthodiques. Sautant donc à pieds joints par-dessus la théorie, il entra brusquement dans la pratique. Après quelques tâtonnements, il parvint à des résultats presque prodigieux; les problèmes les plus compliqués et les plus ardus des mathémathiques transcendantes n'étaient pour lui qu'un jeu : il les résolvait en un clin d'œil, par des procédés à lui, par une sorte d'intuition instinctive, et sans le secours d'aucune des règles enseignées dans les livres.

Ses études terminées tant bien que mal, Michel de Montgolfier ne voulut point résider dans sa ville natale. Cédant à ses goûts sauvages, il alla s'enfermer à Saint-Étienne-en-Forez, dans un réduit des plus humbles. Là, comme sa famille, n'approuvant pas la voie où il s'engageait, refusait de l'y soutenir, il vécut d'abord du produit de sa pêche; puis il se monta un laboratoire et se mit à faire des expériences et des préparations chimiques, à fabriquer du bleu de Prusse et d'autres produits employés dans les arts, qu'il allait lui-même vendre dans les environs de Saint-Étienne. Cette petite industrie, non-seulement suffit à assurer son existence, mais lui permit encore d'amasser, à force d'économie, une somme assez ronde au moyen de laquelle il put réaliser un projet dès longtemps conçu et arrêté, celui d'aller à Paris.

En arrivant dans cette capitale, son premier soin fut de se faire indiquer le café Procope, lieu où se réunissaient chaque soir les écrivains et les savants les plus renommés de l'époque. Il réussit à se lier avec quelques-uns de ces derniers, et peut-être allait-il s'associer à leurs travaux, lorsque, son frère aîné étant mort, il fut rappelé par son père à Annonay, pour y prendre part à la direction de la manufacture. Michel obéit, et se signala d'abord par son intelligence, son zèle et son activité; mais il ne put longtemps triompher de son horreur innée des sentiers battus et des usages traditionnels, et manifesta bientôt des velléités de changement et de perfectionnement qui causèrent un véritable effroi à son père, vieillard sage, prudent et peut-être trop exclusivement attaché aux habitudes consacrées par le temps. Ne pouvant s'accorder à cet égard, ils se séparèrent : Pierre de Montgolfier demeura à Vidalon, où il fit venir son troisième fils, et Michel alla fonder deux nouvelles fabriques, l'une à Voiron, l'autre à Beaujeu. Il se trouva ainsi maître de ses mouvements, et put donner un libre cours à son goût pour les nouveautés. Malheureusement ce goût l'entraîna, au début, dans des expériences coûteuses, en même temps que son insouciance naturelle lui faisait négliger le soin de ses affaires commerciales; si bien qu'un jour il se trouva au bord de cet abîme qu'on nomme faillite. Le danger pourtant dura peu. Michel se releva et se lança avec une ardeur nouvelle dans la voie des découvertes. Plus heureux cette fois, il eut la satisfaction d'arriver à des résultats positifs; il simplifia la fabrication du papier blanc ordinaire, améliora celle des différents papiers peints, imagina une machine pneumatique destinée à raréfier l'air dans les moules de sa fabrique, et préluda à l'invention des planches stéréotypes.

Sur ces entrefaites, Pierre de Montgolfier, arrivé à l'âge où les longues fatigues d'une vie consacrée au travail amènent les besoins impérieux du repos, remit aux mains de ses fils l'administration de la manufacture. Cette circonstance eut un heureux résultat, celui de rapprocher les deux frères. Séparés l'un de l'autre, ils avaient, chacun de leur côté, donné des preuves non douteuses d'une haute capacité; mais c'était en se réunissant, en se combinant, en réagissant, pour ainsi dire, l'une sur l'autre, que leurs intelligences devaient manifester toute leur virtualité. Ces deux esprits n'avaient entre eux qu'un point (point essentiel, il est vrai) de ressemblance et presque d'identité : l'amour de la science et le goût des découvertes. Du reste, le contraste était frappant, mais il était de ceux d'où naît l'harmonie. A la témérité aventureuse, à l'imagination ardente, à l'insouciance distraite, à l'activité fantasque du premier, et à son mépris des connaissances spéculatives, correspondaient chez le second un caractère également étranger à la précipitation et à la timidité, une persévérance clairvoyante et réfléchie, et un jugement d'autant plus sûr qu'il était éclairé et soutenu par des connaissances profondes et raisonnées.

Il s'en fallait que Jacques-Étienne de Montgolfier se fût livré dans sa jeunesse aux mêmes écarts que son frère : bien que plus jeune de deux années, il avait toujours montré un naturel doux joint à une précoce maturité. Il avait été élevé au collége Sainte-Barbe, et s'était attiré par son application et sa docilité l'estime et l'affection de ses maîtres. Il avait, comme Michel, plus de goût et d'aptitude pour les sciences que pour les lettres; néanmoins il ne négligea aucune partie de ses études classiques. Lorsqu'elles furent entièrement terminées, il resta à Paris pour se livrer à l'architecture sous la direction du célèbre Soufflot. Son père lui faisait une modique pension, dont il consacrait la presque totalité à l'achat de livres instructifs, se contentant pour vivre du peu d'argent qu'il gagnait à lever des plans.

En peu de temps il acquit assez de talent dans son art non-seulement pour se suffire entièrement à lui-même, mais encore pour prendre rang parmi les architectes distingués. Plusieurs maisons de Paris et quelques jolies églises des environs furent élevées d'après ses dessins : nous citerons entre autres l'église de Faremoutier, qui fut détruite en 93. Comme il dirigeait la construction de ce dernier édifice, il lia connaissance avec un fabricant de papiers nommé Réveillon (1), qui le chargea de construire d'abord un établissement à Faremoutier, puis un autre beaucoup plus considérable à Paris, dans le faubourg

(1) Il périt en 1789, victime d'un mouvement populaire auquel l'histoire a conservé le nom d'*émeute Réveillon*.

Saint-Antoine. Quelques années plus tard, Réveillon mettait ses ateliers et ses jardins à la disposition de Montgolfier pour ses expériences aérostatiques.

La mort de l'aîné des trois frères et la séparation qui ne tarda pas à s'opérer, pour incompatibilité d'humeur, entre leur père et Michel, obligèrent Étienne de renoncer à une carrière qui lui promettait de brillants succès. Il se rendit à Annonay et se donna tout entier à l'exercice de sa nouvelle profession. Plus heureux et plus habile que son frère, il sut inspirer à Pierre de Montgolfier une confiance qui lui permit d'introduire graduellement dans la fabrication du papier des améliorations réelles. On lui doit l'invention des formes pour le papier *grand-monde*, le secret du *vélin* et de plusieurs autres procédés étrangers que sa sagacité devina, et dont il dota généreusement son pays.

Étienne et Michel s'associèrent, ainsi que nous l'avons vu, lorsque leur père se retira. Rien de plus fraternel que leur association; entre eux désormais tout fut commun : ressources matérielles, travaux, expériences, découvertes, gloire enfin, et il ne fallut pas moins que la mort de l'un d'eux pour rompre cette union touchante. Étienne de Montgolfier fut, jeune encore, enlevé le premier à sa famille, à ses amis et à la science. Comme il se rendait de Lyon à Annonay, le 2 août 1799, il mourut subitement à Serrières, de la rupture d'un anévrisme au cœur. Michel suivit jusqu'au bout sa brillante carrière. Il s'était, ainsi que son frère, tenu à l'écart pendant les orages de la révolution, sans que les services rendus à nos armées par les aérostats eussent attiré sur lui les regards du gouvernement. Lorsque le premier consul créa la Légion d'honneur, il fut décoré l'un des premiers du ruban de cet ordre. Plus tard il devint administrateur du Conservatoire des arts et métiers, et membre du bureau consultatif des arts et manufactures près le ministère de l'intérieur. Enfin, en 1807, il fut élu membre de l'Institut. Il mourut aux eaux de Balaruc, le 26 juin 1810, à la suite d'une hémiplégie sanguine qui lui avait ôté l'usage de la parole. On lui doit la première idée d'une société d'encouragement pour l'industrie; et parmi les inventions dont il enrichit les arts utiles, nous citerons le *bélier hydraulique,* qui, par la seule impulsion d'une légère chute d'eau, porte ce liquide à une hauteur de vingt mètres, et qu'il établit en 1792 dans sa papeterie de Voiron; le *pyrobélier*, qui contenait en germe l'emploi de la vapeur comme force motrice; un procédé ingénieux au moyen duquel un bateau peut, pour remonter une rivière, s'aider du courant même en prenant son point d'appui au fond de l'eau; le *calorimètre*, instrument pour déterminer la qualité des tourbes du Dauphiné; le plan d'une presse hydraulique qu'un Anglais nommé Bramah, à qui il l'avait communiqué, réalisa, tout en reconnaissant les droits de priorité de notre compatriote; un ventilateur opérant la distillation à froid par l'action de l'air en mouvement; enfin un appareil pour dessécher les aliments, et les rendre ainsi susceptibles d'être transportés sans altération à de grandes distances.

Michel de Montgolfier ne songea jamais à se réserver comme un privilége l'usage de l'exploitation de ses découvertes. Il exposait volontiers ses idées dans la conversation; mais, homme d'exécution et de pratique avant tout, il éprouvait de la répugnance et de la difficulté à les développer par écrit; on a pourtant de lui quelques mémoires sur les aérostats.

Nous avons eu, en traitant des *Feux de guerre*, occasion de montrer avec quelle facilité certains historiographes appellent leur imagination au secours de leur savoir en défaut. Il en est aussi qui, non contents d'assigner à toute invention un inventeur unique, croient donner du piquant à leur récit en rapetissant les faits historiques et en les assaisonnant d'anecdotes de leur fantaisie. Quelques-uns de ceux-ci ont voulu attribuer exclusivement, soit à Michel, soit à Étienne de Montgolfier, l'invention des aérostats. De là deux versions contradictoires, également fausses l'une et l'autre. Selon la première, Étienne de Montgolfier conçut l'idée d'un ballon en voyant s'enfler et se soulever une chemise qu'on faisait chauffer devant le feu. Selon la seconde, Michel se trouvait à Avignon à l'époque du siége de Gibraltar; il était assis dans sa chambre près de la cheminée, se livrant à ses méditations favorites, lorsqu'une estampe tomba sous ses yeux: elle représentait la ville assiégée, qui, située au sommet d'un rocher que les flots baignent de toutes parts, était considérée comme imprenable. En l'examinant, Michel se met à chercher s'il n'y aurait pas quelque moyen de pénétrer dans cette place; un seul se présenta à son esprit: « On ne peut, pense-t-il, arriver là que comme l'aigle et le vautour arrivent à leur aire, en s'élevant dans l'atmosphère... Mais quoi! est-ce donc impossible? » Son regard se porte machinalement sur la fumée qui du foyer s'élevait en spirales vers le ciel, et cette vue est pour lui comme une révélation soudaine. Il imagine aussitôt d'enfermer dans un récipient léger une quantité suffisante de vapeurs semblables, et d'en faire un véhicule pour voguer dans l'espace; et, sans plus tarder, il construit lui-même un petit parallélipipède en papier, il en échauffe l'intérieur avec la flamme d'une bougie, et, le voyant s'élever jusqu'au plafond, il s'écrie comme Archimède : Εὕρηκα !

Le fait est que, de leur vivant, les frères Montgolfier ont constamment protesté contre toute assertion tendant à décerner à l'un, au détriment de l'autre, l'honneur d'une découverte qui appartient indivisiblement à tous deux; c'est donc à la fois porter atteinte à la vérité et profaner ce lien touchant de solidarité fraternelle, que de se prétendre, mieux que les inventeurs eux-mêmes, instruit sur l'origine de leur découverte. Voici, du reste, ce que des témoignages honorables nous fournissent de plus authentique touchant les circonstances de ce fait important.

Ce fut à Vidalon, dans la demeure paternelle, en contemplant chaque jour le spectacle grandiose des nuages qui se forment et se groupent sur les cimes des Alpes, qu'Étienne et Michel de Montgolfier songèrent à la possibilité de la navigation aérienne. On sait que les nuages ne sont autre chose que de la vapeur d'eau, ou plutôt de l'eau dans un état de division telle, qu'on peut le considérer comme intermédiaire entre l'état liquide et l'état gazeux. Dans cet état, l'eau perd assez de sa gravité spécifique pour pouvoir surnager sur les couches les plus denses de l'air; jusqu'à ce qu'une cause mal connue (1) vienne la vaporiser tout à fait, ou la condenser et la faire tomber sous forme de pluie, de neige ou de grêle. « Ne pourrait-on, se demandèrent d'abord MM. de Montgolfier, produire une sorte de nuages artificiels ayant, comme

(1) Dans certains cas l'élévation ou l'abaissement de la température, dans d'autres l'électricité.

les nuages naturels, la propriété de flotter à une certaine hauteur au-dessus du sol? » Préoccupés de cette idée, ils tentèrent d'abord de la réaliser en remplissant de vapeur d'eau un vaisseau en toile ou en papier. Tant que la vapeur était chaude, ce vaisseau s'élevait en effet; mais, dès qu'elle se refroidissait, elle revenait à l'état liquide, et, loin de rendre alors le ballon plus léger, elle le rendait plus lourd en mouillant ses parois. Ils essayèrent sans plus de succès la fumée résultant de la combustion du bois, et sans doute ils eussent abandonné leurs projets à cet égard, si une circonstance fortuite ne fût venue leur fournir des lumières inattendues.

Étienne, se trouvant un jour à Montpellier, acheta chez un libraire de cette ville un ouvrage récemment publié par le chimiste Anglais Priestley, et intitulé: *Expériences sur les différentes espèces d'air*, où l'auteur exposait des observations nouvelles et intéressantes sur plusieurs gaz jusqu'alors inconnus dont il indiquait la nature et le mode de préparation. Étienne lut ce livre avec avidité; et en réfléchissant sur les propriétés des gaz décrits par Priestley, il entrevit dans la différence de leurs pesanteurs spécifiques un moyen de résoudre le grand problème de l'aérostation. Peut-être cette pensée, communiquée à tout autre qu'à son frère, eût été taxée alors d'extravagance: mais Michel de Montgolfier fut moins surpris que charmé lorsque Étienne, en revenant à Annonay, lui cria du plus loin qu'il l'aperçut: « Nous pouvons maintenant naviguer dans l'air! »

Désormais certains de réussir, les deux frères reprirent leurs expériences avec une ardeur nouvelle. Le gaz que son extrême légèreté spécifique désignait comme le plus approprié à leur dessein était assurément l'hydrogène, découvert en 1777 par Cavendish, qui l'avait appelé *air inflammable;* ils essayèrent d'en tirer parti, et l'on s'étonnera sans doute qu'ils ne s'y soient pas tenus. Mais l'hydrogène était encore à cette époque très-imparfaitement étudié; sa préparation était difficile et dangereuse, et, ce qui rebuta surtout MM. de Montgolfier, ce gaz a la propriété de s'échapper rapidement à travers les enveloppes poreuses. Or les matières dont ils se servaient pour confectionner leurs ballons étaient du papier et des étoffes qu'ils ne savaient pas rendre imperméables, comme on le fit bientôt après par un procédé aussi simple qu'ingénieux. Ils renoncèrent donc à tirer parti de l'hydrogène, et revinrent à leur idée primitive de produire des nuages artificiels. Ils se demandèrent quelle force pouvait maintenir en l'air ces masses de vapeur à demi condensées, et, n'en voyant pas d'autre que l'électricité, ils crurent pouvoir donner lieu au développement de ce fluide par le mélange intime des fumées que donneraient, en brûlant, de la paille légèrement humide et de la laine, cette dernière substance dégageant par sa combustion des gaz alcalins. Un ballon ouvert à sa partie inférieure, et placé au-dessus d'un foyer ainsi formé, s'éleva, en effet, à une certaine hauteur, et MM. de Montgolfier crurent avoir enfin trouvé et délié le nœud du problème. Ils se trompaient étrangement. Au fond cet essai n'était que la répétition de ce qu'ils avaient fait dès le début, et le résultat plus satisfaisant qu'ils obtenaient n'était dû ni à la nature différente de la fumée, ni au développement d'électricité, mais simplement, ainsi que le démontra bientôt après le physicien de Saussure en renouvelant l'expérience de Candido Buono (1), à la dilatation des gaz par la chaleur. Si l'on demande comment, en ce cas, la même cause n'avait pas au commencement produit le même effet, nous répondrons que cela tenait uniquement, sans nul doute, à ce que l'appareil avait été d'abord mal disposé. Néanmoins MM. de Montgolfier se persuadèrent qu'ils avaient réellement découvert un nouveau gaz, et leur erreur fut longtemps répandue dans le public, où l'on parlait du *gaz de MM. de Montgolfier,* lequel était, disait-on, deux fois moins pesant que l'air respirable. Quoi qu'il en soit, les deux frères, encouragés par ce premier succès, se mirent à opérer sur une plus grande échelle. Ils construisirent un ballon de la capacité de vingt mètres cubes, portant à sa partie inférieure un réchaud sur lequel ils brûlèrent de la paille et de la laine, et ce ballon s'éleva avec tant de force, qu'il brisa les cordes qui le retenaient, et monta

(1) Candido Buono, physicien italien, avait observé que lorsqu'on plaçait un fer rouge sous le plateau d'une balance, ce plateau était soulevé, et que l'autre penchait comme s'il eût été chargé d'un poids. M. de Saussure, pour prouver que le prétendu *gaz Montgolfier* n'était que de l'air dilaté, introduisit une sonde rougie au feu dans l'intérieur d'une vessie, qui en peu d'instant se gonfla et s'enleva vers le plafond.

jusqu'à une hauteur de trois cents mètres. C'était là un résultat décisif, et l'expérience solennelle racontée au commencement de ce chapitre ne fut, pour ainsi parler, qu'un acte authentique de donation, par lequel les frères Montgolfier livraient à l'humanité leur glorieuse découverte.

III

Premier ballon à gaz hydrogène. — Étienne de Montgolfier à Paris. — Expériences chez Réveillon et à Versailles. — Pilastre du Rozier. — Première ascension effectuée par Pilastre et par le marquis d'Arlandes. — Relation de ce dernier.

Les députés du Vivarais dressèrent eux-mêmes, du fait merveilleux dont ils avaient été témoins, un procès-verbal détaillé qu'ils envoyèrent à l'Académie des sciences de Paris. L'Académie écrivit aussitôt à MM. de Montgolfier, les invitant à se rendre dans la capitale pour y renouveler leur expérience aux frais de la compagnie et en présence d'une commission prise dans son sein. Cette commission se composait de huit membres, savoir : Lavoisier, le marquis de Condorcet, Desmaret, l'abbé Bossut, Ladet, Tillet, Leroy et Brisson.

Mais l'Académie, on le pense bien, ne fut pas seule instruite de ce qui venait de se passer à Annonay : les gazettes eurent bientôt annoncé partout la grande nouvelle, et la France entière s'en émut. Le public parisien surtout, amateur, s'il en fut, de spectacles extraordinaires, enthousiaste du merveilleux, avide de nouveautés, manifesta une impatience fiévreuse de voir de ses yeux l'ascension d'un aérostat. La délibération prise par l'Académie était loin de le satisfaire : il savait trop avec quelle lenteur méthodique procèdent les commissions de savants, et l'idée d'attendre lui était insupportable : il lui fallut un ballon sur l'heure, à tout prix. M. Faujas de Saint-Fond, professeur au jardin des Plantes, se chargea d'organiser une souscription pour satisfaire dans le plus bref délai possible aux désirs de la population parisienne. Dix mille francs furent recueillis en peu de jours, et Faujas proposa aux frères Robert, fabricants d'instruments de mathématiques, de physique, etc., de construire et de préparer un ballon. Les frères Robert y consentirent, mais en faisant observer qu'ils ne pouvaient se mettre à l'œuvre sans être guidés dans leur travail par un homme dont l'intelligence et le savoir fussent capables de suppléer à ce qu'avaient d'obscur et d'incomplet les rapports publiés jusqu'alors sur le procédé des frères Montgolfier.

Or il y avait en ce temps à Paris un physicien qui avait des premiers applaudi à la découverte des aérostats, et cherchait de son côté, par des moyens à lui, à reproduire l'expérience faite à Annonay. Il se chargea volontiers de diriger les opérations et se fit fort de mener l'expérience à bonne fin. Charles (c'était le nom de ce physicien) avait lu, dans le procès-verbal rédigé par les députés du Vivarais, que le ballon de MM. de Montgolfier avait été gonflé avec un gaz *deux fois moins pesant que l'air atmosphérique*. Ce gaz lui était inconnu ; mais il pensa que si un gaz de cette densité avait pu enlever une vaste enveloppe de toile et de papier, l'hydrogène ou l'*air inflammable*, comme on disait alors, dont la densité spécifique est à celle de l'air comme 1 est à 14, aurait une force ascensionnelle bien plus considérable encore. La facilité avec laquelle ce gaz s'échappe au travers des corps poreux ne fut pas ce qui l'embarrassa. Son esprit inventif eut bientôt trouvé un moyen d'obvier à cet inconvénient en enfermant l'hydrogène dans une enveloppe de taffetas rendue imperméable par un enduit fait avec du caoutchouc dissous dans l'essence de térébenthine.

Le plus difficile, ce fut la production du gaz lui-même, encore mal connu, ainsi que nous l'avons dit. L'appareil fut grossier : il consistait en un tonneau percé de deux trous, à l'un desquels était adapté un tube de cuir communiquant avec le ballon, et dont l'autre se fermait avec un bouchon de liége. Le tonneau contenait de la limaille de fer sur laquelle on versait peu à peu de l'acide sulfurique. A mesure que l'hydrogène se formait, on ouvrait pour lui livrer passage un robinet dont le tube de cuir était muni. Le gaz arrivait ainsi tant mal que bien dans le ballon ; mais tels étaient les inconvénients qui résultaient des défectuosités de cet appareil, que l'intrépide persévérance de Charles empêcha seule que les frères Robert et M. de Saint-Fond abandonnassent l'entreprise. La déperdition du gaz était énorme; de plus, la chaleur développée par la réaction rendait l'opération dangereuse: il fallait arroser sans cesse le ballon pour le refroidir. Enfin l'hydrogène, n'étant point lavé, entraînait avec lui dans son récipient, en grande abondance, de la vapeur d'eau rendue corrosive par la présence d'une quantité notable d'acide sulfureux. Cette vapeur condensée dans le ballon l'eût beaucoup alourdi, et peut-être l'eût crevé, si l'on n'eût pris la précaution d'ouvrir fréquemment le robinet pour laisser écouler le liquide: précaution indispensable, mais qui rendait plus considérable la perte de gaz, la perte de temps et la consommation des matières premières. Bref, il fallut quatre jours pour remplir aux deux tiers seulement un ballon n'ayant que quatre mètres environ de diamètre, et l'on n'usa pas moins de cinq cents kilogrammes de fer et deux cent cinquante kilogrammes d'acide sulfurique.

Cependant la population parisienne perdait patience et commençait à se croire dupe d'une mystification. La place des Victoires, où se trouvait la maison des frères Robert, était continuellement encombrée d'une foule tellement compacte et turbulente, que le guet dut intervenir pour empêcher une invasion des ateliers; et lorsqu'il s'agit de transporter le ballon au Champ-de-Mars, d'où il devait partir, on jugea prudent d'opérer nuitamment cette translation, pour éviter de graves désordres et probablement un dommage qui eût fort compromis le succès de l'expérience.

Le 27 août 1783, à deux heures du matin, le ballon et l'appareil à hydrogène furent placés sur un brancard et transportés, par des ouvriers, à la lueur des torches; et l'on assure que parmi les rares passants qui rencontrèrent ce bizarre cortège, plusieurs s'agenouillèrent sur son passage avec un respect superstitieux. Une enceinte avait été disposée au Champ-de-Mars pour recevoir la machine et tenir les curieux à distance des opérateurs. On y amarra le ballon au moyen de cordages passés dans des anneaux fixés au sol. Dès que le jour parut, la foule commença de se porter vers le lieu de l'expérience: des piquets de soldats furent placés autour de l'enceinte et à toutes les avenues ; le Champ-de-Mars fut bientôt plein de monde ; mais ce vaste espace était bien insuffisant pour contenir la multitude immense de ceux qui voulaient jouir d'un spectacle à la fois si nouveau et si attrayant. Aussi, bien que la pluie tombât en abondance, tous les endroits élevés d'où l'on pouvait espérer qu'on apercevrait l'aérostat de près ou de loin, furent promptement envahis : les hauteurs de Chaillot, les tours de Notre-Dame, les toits des maisons se couvrirent de curieux ; les savants se postèrent avec leurs instruments sur les terrasses du Garde-Meuble pour observer la marche de l'expérience.

A midi tout était prêt ; mais, malgré les représentations de Charles, les frères Robert, voulant donner à leur ballon une forme tout à fait sphérique, pour flatter davantage les yeux du public, avaient achevé de le gonfler en y introduisant de l'air atmosphérique. A trois heures un coup de canon donna le signal ; les amarres furent coupées, et le globe monta rapidement. Un cri immense d'admiration partit de toutes les poitrines, en même temps que retentissait un deuxième coup de canon. En deux minutes le globe alla disparaître dans un nuage, qu'il traversa de bas en haut pour se montrer de nouveau, puis disparaître encore dans une autre nue ; il fut ensuite entraîné obliquement par un courant d'air, mais il ne fit pas longue route. Ce qu'avait prévu Charles arriva : le gaz, se dilatant à mesure que la pression de l'air diminuait, acquit bientôt une tension qui fit crever l'enveloppe, et le ballon alla tomber à moitié vide près de Gonesse, au milieu d'un groupe de paysans. Ceux-ci en eurent d'abord une frayeur mortelle : ils crurent que la lune ou quelque autre planète s'était détachée de la voûte céleste et les allait écraser. Remarquant toutefois que cette masse était tombée légèrement et n'avait pas les proportions énormes qu'ils lui supposaient, ils s'enhardirent peu à peu ; quand ils virent qu'ils n'avaient affaire qu'à un sac d'étoffe mince ne contenant rien que du vent, leur épouvante se changea en une rage brutale : ils mirent en lambeaux le ballon, l'attachèrent à la queue d'un cheval et le promenèrent dérisoirement dans le pays, comme pour se venger de la peur qu'il leur avait causée.

Tel fut le sort pitoyable du premier aérostat à gaz hydrogène. Cette aventure donna au gouvernement la mesure de l'intelligence populaire et de l'accueil qu'elle ferait aux nouvelles découvertes, si l'on ne prévenait chez la masse ignorante des terreurs qui dégénéraient ainsi en une colère aveugle. M. de Sauvigny, lieutenant de police, fit rédiger en conséquence une pancarte qui fut distribuée dans toute la France; elle était ainsi conçue :

AVIS AU PEUPLE

Sur l'enlèvement des ballons ou globes en l'air.

« On a fait une découverte dont le gouvernement a jugé « convenable de donner connaissance, afin de prévenir « les terreurs qu'elle pourrait occasionner parmi le peuple. « En calculant la pesanteur de l'air appelé inflammable « avec l'air de notre atmosphère, on a trouvé qu'un ballon « rempli de cet air inflammable devait s'élever de lui-« même dans le ciel jusqu'au moment où les deux airs « seraient en équilibre, ce qui ne peut être qu'à une très-« grande hauteur. La première expérience a été faite à « Annonay, en Vivarais, par MM. de Montgolfier, inven-« teurs; un globe de toile et de papier de cent pieds de « circonférence, rempli d'air inflammable, s'éleva de lui-« même à une hauteur qu'on n'a pu calculer. La même « expérience vient d'être renouvelée à Paris, le 27 août, « à trois heures du soir, en présence d'un nombre infini « de personnes. Un globe de taffetas enduit de gomme « élastique, de trente-six pieds de tour, s'est élevé du « Champ-de-Mars jusque dans les nues, où on l'a perdu « de vue. On se propose de répéter cette expérience avec « des globes beaucoup plus gros. Chacun de ceux qui dé-« couvriront dans l'air de pareils globes, qui présentent « l'aspect de la lune obscurcie, doit donc être prévenu « que, loin d'être un phénomène effrayant, ce n'est qu'une « machine toujours composée de taffetas ou de toile légère « recouverte de papier qui ne peut causer aucun mal, « et dont il est à présumer qu'on fera quelque jour des « applications utiles aux besoins de la société.

« Lu et approuvé ce 3 septembre 1783.

« SAUVIGNY. »

Parmi les personnes qui assistaient à l'expérience du 27 août se trouvait Étienne de Montgolfier, lequel, sur l'invitation de l'Académie des sciences, s'était rendu à Paris. Le succès obtenu par MM. de Saint-Fond, Charles et Robert avec un ballon à air inflammable ne le fit point renoncer à l'emploi de la fumée de paille et de laine, soit qu'il le crût réellement préférable, soit qu'il considérât comme un devoir, vis-à-vis de l'Académie et vis-à-vis du public, de pousser jusqu'au bout l'essai de son système. Il alla s'installer dans les vastes jardins dépendant de la fabrique Réveillon, pour y construire son aérostat. Au lieu de le faire en forme sphérique, il lui donna celle d'un prisme terminé en haut et en bas par deux pyramides, la seconde renversée et tronquée de manière à offrir un orifice assez large. Sa machine était en toile d'emballage doublée de papier en dedans et en dehors. La hauteur totale était de vingt et un mètres, et son diamètre de treize, proportions telles, qu'une fois gonflée elle devait enlever un poids de six cent ving-cinq kilogrammes. Elle fut gonflée une première fois en neuf minutes, le 11 septembre 1783, et souleva jusqu'à une certaine distance du sol huit hommes qui la retenaient. Le lendemain, on se mit en devoir de faire l'expérience complète en présence des commissaires de l'Académie et plusieurs autres personnages distingués. Les manœuvres commencèrent malgré le mauvais temps : on brûla environ vingt-cinq kilogrammes de paille et cinq kilogrammes de laine sous le ballon, qui acquit une force ascensionnelle capable d'enlever un poids de deux cent cinquante kilogrammes; et on allait le lâcher quand arriva un courrier venant, de la part du roi, ordonner à M. de Montgolfier d'ajourner son expérience pour qu'elle eût lieu à Versailles le 19 du même mois. Les commissaires et la plupart des assistants firent observer qu'au point où l'on en était, il valait mieux aller jusqu'au bout, sauf à recommencer huit jours plus tard, selon le désir du roi, soit avec le même ballon, soit avec un autre; mais Montgolfier, craignant d'offenser le prince et voulant aussi éviter d'avoir à reconstruire un autre aérostat, résolut d'ajourner : il n'y gagna rien; car son appareil, qu'il eût peut-être sauvé en le lâchant, fut tellement avarié par la pluie et le vent, qu'il fallut néanmoins recommencer sur de nouveaux frais. Le temps pressait;

toutefois on travailla avec tant d'activité que le nouveau ballon fut prêt au jour dit. Cette fois il était sphérique et fait en toile de coton peinte en bleu à la détrempe, et ornée de dessins et d'emblèmes en papier doré. On le transporta à Versailles, dans la grande cour du château, où une estrade avait été dressée pour le recevoir. Cette estrade avait été percée à son milieu d'une large ouverture dans laquelle on fit entrer le ballon, de sorte que son hémisphère supérieur figurât un dôme au centre de la plate-forme. Le réchaud, en fil de fer, destiné à recevoir la paille et la laine, reposait sur le sol.

L'expérience eut lieu en présence du roi, de sa famille, de sa cour et d'un grand concours de monde venu tout exprès à Versailles, quelques-uns admis dans l'intérieur des grilles, la plupart stationnant sur les places et sur les avenues adjacentes. A une heure, une première décharge de mousqueterie donna le signal de gonfler le ballon, ce qu'on fit en brûlant sous l'orifice quarante kilogrammes de paille et deux kilogrammes et demi de laine; une deuxième décharge annonça que tout était prêt, et à la troisième les cordes furent coupées. La machine s'éleva, poussée par un vent violent de sud-est qui lui fit une déchirure de plus de deux mètres, et elle alla s'abattre sur les arbres du bois de Vaucresson, aux regards étonnés de deux gardes-chasse; un canard, un coq et un mouton qu'on avait enfermés dans une cage d'osier suspendue au-dessous du ballon, sortirent de leur prison sans avoir éprouvé aucun mal, ce qui fit penser que des hommes pourraient, sans trop exposer leur vie, naviguer dans l'atmosphère par le même moyen. Ce fut dans ce but qu'Étienne de Montgolfier se remit à l'œuvre. Il construisit, toujours chez Réveillon, un ballon de dix-neuf mètres de hauteur sur quinze mètres et demi de diamètre, portant autour de son orifice une galerie en osier, recouverte de toile, et destinée à recevoir des voyageurs qui pourraient circuler autour du foyer et l'alimenter ou l'éteindre à leur gré. Le premier qui s'offrit à courir les risques d'une ascension fut un jeune chimiste que son amour pour la science et sa fin malheureuse ont rendu célèbre. Il se nommait Jean-François Pilastre du Rozier. Il était né à Metz en 1756. Admis à l'hôpital de cette ville comme élève en chirurgie, son extrême sensibilité lui rendit bientôt cette profession odieuse, et il entra chez un pharmacien, où il acquit les premières notions de chimie. Il fit dans cette science de rapides progrès, et ne tarda pas à passer du grade infime d'apprenti à celui de manipulateur. Il voulut alors joindre à la connaissance de la chimie celle de la physique et des mathématiques; et quand il se sentit assez fort, il se rendit à Paris, et ouvrit dans le Marais un cours où il continua de s'instruire en enseignant. Un de ses professeurs, M. Sage, lui fit donner une chaire au collége de Reims; mais Pilastre y resta peu de temps, et revint à Paris, où des amis influents obtinrent pour lui le poste honorable et avantageux d'intendant des cabinets d'histoire naturelle et de physique de Monsieur (depuis Louis XVIII). Il conçut alors et fit adopter par son illustre patron l'idée de transformer ces cabinets en un musée ouvert aux étudiants, et destiné à leur faciliter l'étude expérimentale des sciences. Il trouva aussi, en travaillant sur les gaz, un procédé pour combattre les effets des exhalaisons méphitiques, procédé qui lui valut les éloges et les encouragements de l'édilité de Paris.

Aussitôt que Pilastre du Rozier connut la découverte de MM. de Montgolfier, il se prit d'une passion ardente pour la navigation aérienne, qui devint presque sa seule occupation, et qui devait lui coûter la vie. On pense bien qu'il ne perdit rien des expériences faites tant à Paris qu'à Versailles, et ce fut principalement à sa sollicitation qu'Étienne de Montgolfier se disposa à fabriquer un ballon propre à recevoir des voyageurs, Pilastre s'étant engagé formellement et publiquement à y monter le premier.

On jugea prudent de procéder graduellement et de retenir d'abord le ballon captif au moyen de cordes qu'on filerait ou qu'on retirerait, suivant qu'on voudrait laisser monter la machine, ou l'obliger à redescendre. Le premier essai eut lieu le mercredi 15 octobre 1783. Pilastre seul se plaça dans la galerie, et on laissa monter la machine aussi haut que le permit la longueur des cordes, c'est-à-dire à environ vingt-sept mètres. L'aéronaute resta en l'air pendant quatre minutes et vingt-cinq secondes, après quoi il redescendit très-lentement et remit pied à terre, assurant à ses amis et à la multitude qu'il n'avait éprouvé aucune incommodité. Les essais se répétèrent pendant plusieurs jours en présence des commissaires de l'Académie et d'une affluence considérable de curieux. Plusieurs personnes s'enhardirent à monter dans la galerie, entre autres M. Giraud de Villette et le marquis d'Arlandes; mais le plus assidu, le plus intrépide et aussi le plus adroit à la manœuvre était toujours Pilastre du Rozier. Un jour qu'on abaissait le ballon après une station de neuf minutes à près de quatre-vingt-dix-sept mètres au-dessus du sol, un coup de vent le porta sur les arbres du jardin de Réveillon. La galerie s'embarrassa dans les branches, et l'on craignait un accident grave; mais Pilastre, avec un sang-froid et une présence d'esprit admirables, jeta une botte de paille sur le foyer, qui se ranima, et le ballon, rendu plus léger, se dégageant de ses entraves, alla reprendre sa position première pour redescendre ensuite sans encombre.

Ces expériences firent voir que l'aérostat peut monter ou descendre au gré des aéronautes, selon qu'ils augmentent ou diminuent le feu dans le réchaud. On commença donc à considérer comme possible une ascension en ballon non captif, ou, selon l'expression consacrée, *à ballon perdu*, et l'on songea à organiser une expérience décisive. L'affluence des curieux autour de la maison de Réveillon et dans tout le faubourg Saint-Antoine fit juger avec raison qu'il serait nécessaire de transporter ailleurs le théâtre de cette expérience, afin d'éviter un encombrement des rues de la ville; le Dauphin leva cette difficulté en offrant son vaste jardin de la Muette, situé hors des murs de Paris; mais des dangers d'une autre nature apparurent tout à coup aux yeux des commissaires de l'Académie et d'Étienne de Montgolfier lui-même : on redoutait pour les aéronautes, ainsi que pour la population et pour les maisons, la présence en l'air d'un foyer incandescent dont on pourrait bien ne pas rester assez maître.

Ces craintes causèrent un revirement qui faillit empêcher l'entreprise. Le roi, supplié d'intervenir, défendit d'abord formellement qu'aucun de ses sujets s'exposât aux dangers d'une ascension; puis, sollicité en sens contraire, il voulut que si des hommes couraient cette chance, ce fussent des criminels condamnés à mort.

A cette nouvelle, Pilastre se récrie indigné, réclamant pour lui un honneur que ne méritent pas de vils scélérats. Il met en campagne tout ce qu'il peut rallier de personsonnages influents, entre autres la duchesse de Polignac; il obtient du marquis d'Arlandes le témoignage qu'il n'y a aucun danger et la promesse de faire partie de l'expédition, remue ciel et terre, tant et si bien que le roi finit par céder et accorder l'autorisation.

L'expérience, d'abord fixée au 20 novembre, fut remise au lendemain à cause du mauvais temps.

Le 22 donc, à midi, tout étant prêt, Pilastre du Rozier et le marquis d'Arlandes se placèrent dans la galerie, l'un d'un côté, l'autre au côté opposé, pour maintenir la machine en équilibre; mais on voulut quelque temps la retenir avec les cordes; le vent l'agita alors violemment, la ramena contre terre et l'endommagea beaucoup; elle faillit même brûler entièrement, et il fallut près de deux heures pour la réparer.

L'aérostat ne quitta donc la terre qu'à une heure cinquante minutes. Son poids total avec les deux voyageurs et le combustible dont ils avaient fait provision, était de huit cents à huit cent cinquante kilogrammes. Il fut néanmoins enlevé à une grande hauteur, et en peu d'instants le public, plein d'admiration, perdit de vue les aéronautes, qui le saluaient du geste. On vit seulement l'aérostat suivre l'impulsion du vent, remonter d'abord le fleuve, puis glisser dans la direction du sud-est. Comme il restait à une grande élévation, on put, de presque tous les points de Paris, suivre des yeux sa marche depuis son départ de la Muette jusqu'à sa descente sur la Butte-aux-Cailles, non loin des barrières d'Enfer et de Fontainebleau; mais nos lecteurs préféreront sans doute au témoignage des spectateurs le récit détaillé du voyage, écrit par l'un des deux aéronautes, le marquis d'Arlandes, à M. Faujas de Saint-Fond.

Le voici textuellement :

« Nous sommes partis du jardin de la Muette à une heure cinquante minutes. La situation de la machine était telle que M. Pilastre du Rozier était à l'ouest, et moi à l'est; l'aire du vent était à peu près nord-ouest. La machine, dit le public, s'est élevée avec majesté; mais il me semble que peu de personnes se sont aperçues qu'au moment où elle a dépassé les charmilles, elle a fait un demi-tour sur elle-même; par ce changement, M. Pilastre s'est trouvé en avant de notre direction, et moi, par conséquent, en arrière.

« Je crois qu'il est à remarquer que dès ce moment jusqu'à celui où nous sommes arrivés, nous avons conservé la même position par rapport à la ligne que nous avons parcourue. J'étais surpris du silence et du peu de mouvement que notre départ avait occasionné parmi les spectateurs ; je crus qu'étonnés et peut-être effrayés de ce nouveau spectacle, ils avaient besoin d'être rassurés. Je saluai du bras avec peu de succès; mais ayant tiré mon mouchoir, je l'agitai, et je m'aperçus alors d'un grand mouvement dans le jardin de la Muette. Il m'a semblé que les spectateurs qui étaient épars dans cette enceinte se réunissaient en une seule masse, et que, par un mouvement involontaire, elle se portait, pour nous suivre, vers le mur, qu'elle semblait regarder comme le seul obstacle qui nous séparait. C'est dans ce moment que M. Pilastre me dit :

« — Vous ne faites rien, et nous ne montons guère.

« — Pardon, » lui dis-je.

« Je remis une botte de paille, je remuai un peu le feu, et je me retournai bien vite; mais je ne pus retrouver la Muette. Étonné, je jette un regard sur le cours de la rivière : je la suis de l'œil, enfin j'aperçois le confluent de l'Oise. Voilà donc Conflans; et, nommant les autres principaux coudes de la rivière par le nom des lieux les plus voisins, je dis : Poissy, Saint-Germain, Saint-Denis, Sèvres; donc je suis encore à Passy ou à Chaillot : en effet, je regardai par l'intérieur de la machine, et j'aperçus sous moi la Visitation de Chaillot. M. Pilastre me dit en ce moment :

« — Voilà la rivière, et nous baissons.

« — Eh bien, mon cher ami, du feu. »

« Et nous travaillâmes. Mais, au lieu de traverser la rivière, comme semblait l'indiquer notre direction, qui nous portait sur les Invalides, nous longeâmes l'île des Cygnes, nous rentrâmes sur le principal lit de la rivière, et nous la remontâmes jusques au-dessus de la barrière de la Conférence. Je dis à mon brave compagnon :

« — Voilà une rivière qui est bien difficile à traverser.

« — Je le crois bien, me répondit-il, vous ne faites rien.

« — C'est que je ne suis pas si fort que vous, et que nous sommes bien. »

« Je remuai le réchaud, je saisis avec une fourche ma botte de paille, qui, sans doute trop serrée, prenait difficilement ; je la levai, je la secouai au milieu de la flamme. L'instant d'après, je me sentis enlever comme par-dessous les aisselles, et je dis à mon cher compagnon :

« — Pour cette fois, nous montons.

« — Oui, nous montons, » me répondit-il, sorti de l'intérieur, sans doute pour faire quelques observations.

« Dans cet instant, j'entendis vers le haut de la machine un bruit qui me fit craindre qu'elle n'eût crevé. Je regardai, et je ne vis rien. Comme j'avais les yeux fixés au haut de la machine, j'éprouvai une secousse : et c'était alors la seule que j'eusse ressentie.

« La direction du mouvement était de haut en bas. Je dis alors :

« — Que faites-vous? Est-ce que vous dansez?

« — Je ne bouge pas.

« — Tant mieux, dis-je : c'est enfin un nouveau courant qui, j'espère, nous sortira de la rivière. »

« En effet, je me tournai pour voir où nous étions, et je me trouvai entre l'École-Militaire et les Invalides, que nous avions déjà dépassés d'environ quatre cents toises. M. Pilastre me dit en même temps :

« — Nous sommes en plaine.

« — Oui, lui dis-je, nous cheminons.

« — Travaillons, me dit-il, travaillons. »

« J'entendis un nouveau bruit dans la machine, que je crus produit par la rupture d'une corde. Ce nouvel avertissement me fit examiner avec attention l'intérieur de notre habitation. Je vis que la partie qui était tournée vers le sud était remplie de trous ronds, dont plusieurs étaient considérables. Je dis alors :

« — Il faut descendre.

« — Pourquoi?

« — Regardez, » dis-je.

« En même temps je pris mon éponge, j'éteignis aisément le peu de feu qui minait quelques-uns des trous que je pus atteindre ; mais m'étant aperçu qu'en appuyant pour voir si le bas de la toile tenait bien au cercle qui l'entourait, elle se détachait très-facilement, je répétai à mon compagnon :

« — Il faut descendre. »

« Il regarda sous lui et me dit :

« — Nous sommes sur Paris.

« — N'importe, lui dis-je. Mais voyons, n'y a-t-il aucun danger pour vous? Êtes-vous bien tenu?

« — Oui. »

« J'examinai de mon côté, et j'aperçus qu'il n'y avait rien à craindre. Je fis plus, je frappai de mon éponge les cordes principales qui étaient à ma portée; toutes résistèrent, il n'y eut que deux ficelles qui partirent. Je dis alors :

« — Nous pouvons traverser Paris. »

« Pendant cette opération nous nous étions sensiblement approchés des toits; nous faisons du feu, et nous nous relevons avec la plus grande facilité. Je regarde sous moi, et je découvre parfaitement les Missions-Étrangères. Il me semblait que nous nous dirigions vers les tours de Saint-Sulpice, que je pouvais apercevoir par l'étendue du diamètre de notre ouverture. En nous relevant, un courant d'air nous fit quitter cette direction pour nous porter vers le sud. Je vis sur ma gauche une espèce de bois que je crus être le Luxembourg. Nous traversâmes le boulevard. Je m'écriai :

« — Pour le coup, pied à terre! »

« Nous cessons le feu. L'intrépide Pilastre, qui ne perd point la tête et qui était en avant de notre direction, jugeant que nous donnions dans les moulins qui sont entre le Petit-Gentilly et le boulevard, m'avertit : je jette une botte de paille en la secouant pour l'enflammer plus vivement; nous nous relevons, et un nouveau courant nous porte un peu sur la gauche. Le brave du Rozier me crie encore :

« — Gare les moulins! »

« Mais mon coup d'œil, fixé par le diamètre de notre ouverture, me faisant juger plus sûrement de notre direction, je vis que nous ne pouvions pas les rencontrer, et je lui dis :

« — Arrivons. »

« L'instant d'après, je m'aperçus que je passais sur l'eau. Je crus que c'était encore la rivière; mais, arrivé à terre, j'ai reconnu que c'était l'étang qui faisait aller les machines de la manufacture de toiles peintes de MM. Brenier et Cie.

« Nous nous sommes posés sur la Butte-aux-Cailles, entre le Moulin-des-Merveilles et le Moulin-Vieux, environ à cinquante toises l'un de l'autre. Au moment où nous étions près de terre, je me soulevai sur la galerie en appuyant mes deux mains. Je sentis le haut de la machine passer faiblement sur ma tête, je la repoussai et sautai hors de la galerie. En me retournant vers la machine, je crus la trouver pleine; mais quel fut mon étonnement! elle était parfaitement vide et totalement aplatie. Je ne vois point M. Pilastre, je cours de son côté pour l'aider à se débarrasser de l'amas de toile qui le couvrait; mais avant d'avoir tourné la machine, je l'aperçois sortant de dessous en chemise, attendu qu'avant de descendre il avait quitté sa redingote et l'avait mise dans son panier.

« Nous étions seuls et pas assez forts pour renverser la galerie et retirer la paille qui était enflammée. Il s'agissait d'empêcher qu'elle ne mît le feu à la machine. Nous crûmes alors que le seul moyen d'éviter cet inconvénient était de déchirer la toile. M. Pilastre prit un côté, moi l'autre, et, en tirant violemment, nous découvrîmes le foyer. Du moment qu'elle fut délivrée de la toile qui empêchait la communication de l'air, la paille s'enflamma avec force. En secouant un des paniers, nous jetons le feu sur celui qui avait transporté mon compagnon; la paille qui y restait prend feu; le peuple accourt, se saisit de la redingote de M. Pilastre et se la partage. La garde survient; avec son aide, en dix minutes notre machine fut en sûreté, et une heure après elle était chez M. Réveillon, où M. de Mongolfier l'avait fait construire. »

Les aéronautes n'avaient éprouvé aucun mal; beaucoup de gens de qualité arrivèrent, les uns à cheval, les autres en voiture sur le lieu où ils étaient descendus, entre autres le duc de Chartres et le comte de Laval; la duchesse de Polignac avait aussi envoyé des courriers pour s'informer du sort des audacieux voyageurs. On voulait ramener à la Muette Pilastre et le marquis d'Arlandes; mais le premier, n'ayant d'autre vêtement qu'une mauvaise redingote d'emprunt, persista à se retirer dans l'habitation la plus proche; le marquis partit avec le regret de laisser là son brave compagnon, et revint à la Muette, où sa rentrée fut, comme on peut l'imaginer, un véritable triomphe.

IV

Les ballons à feu, et les ballons à air inflammable. — Services rendus par Charles à l'aérostation. — Biographie de ce physicien. — Voyage aérien exécuté au moyen d'un ballon à hydrogène par Robert et Charles. — Relation de ce dernier, etc.

La courageuse initiative prise par Pilastre du Rozier et par le marquis d'Arlandes eut des conséquences importantes. Elle démontra péremptoirement la possibilité de la navigation aérienne, mit à l'ordre du jour l'étude pratique de cet art, signala les principales défectuosités qu'il apportait en naissant, et indiqua dans quel sens on devait diriger les recherches ayant pour but de le perfectionner.

Déjà, dans le monde éclairé, l'on était revenu de l'erreur qui avait fait croire à l'existence d'un gaz particulier résultant de la combustion du mélange de paille et de laine, et les frères Mongolfier n'avaient pas été les derniers à reconnaître dans la dilatation de l'air par la chaleur la seule cause de l'ascension de leurs machines, qui reçurent dès lors le nom de *ballons à feu* ou *montgolfières*. Or l'emploi de ces ballons présentait de graves inconvénients.

En premier lieu, on ne pouvait contester la valeur des objections soulevées au moment de l'expérience du 21 novembre, et relatives au peu de sécurité qu'offraient la construction de ces machines et leur mode d'ascension. Il y avait, en effet, danger, d'une part pour les aréonautes emprisonnés dans une galerie d'osier chargée de paille et voisine d'un foyer incandescent dont la flamme s'engouffrait dans un vaisseau de toile et de papier; d'autre part pour les maisons, les personnes, etc., situées au-dessous du parcours de la machine ignifère, et sur lesquelles un accident pouvait en faire tomber les débris enflammés.

En second lieu, ce système était condamné par sa nature même à une impuissance à peu près absolue sous le rapport des progrès qu'on voulait réaliser; car la faible différence de gravité spécifique entre l'air ordinaire et l'air dilaté ne permettait de s'élever qu'à une médiocre hauteur, et la provision de combustible qu'on pouvait emporter, assez considérable pour appesantir encore l'aérostat, l'était trop peu pour fournir aux besoins d'une longue course.

En troisième lieu, quelque soin que l'on prît de la garantir, l'enveloppe était promptement crevassée et mise hors de service par le feu, et enfin les voyageurs, obligés de s'occuper constamment à activer ou à ralentir la combustion, à pourvoir à la conservation de la machine et à en surveiller la marche, n'avaient le loisir de se livrer à aucune observation physique ou météorologique tant soit peu suivie, et leur voyage n'était, après tout, qu'un tour de force stérile et dangereux.

Ces diverses considérations frappèrent vivement l'esprit de l'habile physicien que nous avons vu déjà créer en quelque sorte de toutes pièces, avec une merveilleuse promptitude et en dépit d'énormes difficultés, le ballon à *air inflammable* enlevé au Champ-de-Mars le 27 août 1783. Charles avait, du premier coup d'œil, reconnu dans l'hydrogène le seul gaz propre à gonfler les ballons, et du premier bond il avait franchi les obstacles où s'étaient arrêtés les frères Mongolfier. Il lui était en outre réservé non-seulement de faire prévaloir son système sur celui des deux savants industriels d'Annonay, mais encore de résoudre seul en quelques jours, par des moyens dont la simplicité porte le sceau du génie, les parties essentielles du problème de l'aérostation. C'est ainsi qu'il substitua à l'air dilaté l'*air inflammable*, à l'enveloppe en toile et en papier celle en taffetas enduit d'un vernis au caoutchouc; qu'il imagina la nacelle où se placent commodément les voyageurs, le filet qui la supporte et qui en même temps maintient et renforce les parois du globe, le lest qu'on jette à volonté pour alléger et faire monter la machine, et la soupape, qui, donnant issue au gaz, empêche qu'il ne crève le vaisseau dans les couches trop peu denses de l'air, et permet qu'on règle la descente de l'aérostat; c'est ainsi qu'il eut l'idée de recourir au baromètre pour déduire à chaque instant, des oscillations du mercure, la position qu'on occupe dans l'atmosphère.

On n'a depuis soixante-dix ans rien changé et presque

rien ajouté aux dispositions imaginées par Charles, et les ballons que de nos jours on donne si fréquemment en spectacle au public ne sont que la copie, indéfiniment reproduite avec d'insensibles modifications, de celui que ce physicien fit construire au mois de décembre 1783. Charles fut donc au moins autant que MM. de Montgolfier le père de l'aérostation; car, si ces deux frères furent, malgré leurs erreurs, assez bien servis du hasard pour arriver les premiers à un résultat pratique, tous les perfectionnements rationnels et vraiment scientifiques introduits ensuite dans la construction et la manœuvre des ballons furent exclusivement l'œuvre de Charles. Et comme on aime d'ordinaire à ne pas ignorer tout à fait la vie de ceux dont le nom est attaché à quelque œuvre importante, nous pensons que nos lecteurs ne nous sauront pas mauvais gré de consacrer ici à l'émule des frères Montgolfier une courte notice biographique.

Charles (Jacques-Alexandre-César) naquit à Beaugency le 12 novembre 1746. Il montra de bonne heure une singulière aptitude à tous les exercices de l'esprit, et dans la culture des arts libéraux aussi bien que dans celle des sciences physiques et mathématiques il fit preuve d'intelligence et de talent. Il ne paraît pas toutefois que ses parents aient songé à encourager chez lui d'aussi heureuses dispositions; car, après des études assez incomplètes, on le fit entrer dans un bureau. Il y resta peu de temps, non qu'il ne s'acquittât avec zèle de ses fonctions; mais le mauvais état des finances du royaume ayant rendu des économies nécessaires, on crut devoir supprimer un certain nombre d'emplois, et, comme il arrive d'ordinaire, les employés subalternes furent moins épargnés que les grands. Charles se trouvait dans la première catégorie; il fut congédié. Il avait précédemment consacré une partie de son traitement à satisfaire son goût pour l'étude et l'enseignement des sciences, en se montant un petit cabinet de physique où il exécutait des expériences en présence de quelques amis. Lorsque son emploi lui fut ôté, il songea à se faire un moyen d'existence de ce qui, la veille, n'était pour lui qu'une simple récréation, et transforma ses séances gratuites en un cours où l'on n'assistait que moyennant une certaine rétribution. Il se fit, en un mot, professeur de physique expérimentale; et comme à un extérieur à la fois agréable et imposant, à une physionomie expressive, à un organe sonore, à une élocution dont la vivacité pittoresque faisait oublier l'incorrection, il joignait un art et une adresse incomparables dans le choix de ses expériences et dans la reproduction des phénomènes naturels, il eut bientôt à se louer du parti qu'il avait pris. Les circonstances lui vinrent d'ailleurs en aide : les découvertes du célèbre Franklin sur l'électricité étaient alors l'objet d'un enthousiasme non moins grand que celui dont on salua ensuite l'apparition des aérostats, et le public se portait avec empressement aux leçons d'un professeur qui, plus que tout autre, savait frapper les yeux et l'esprit par l'à-propos, et, si nous pouvons ainsi dire, par la magnificence de son enseignement. S'agissait-il du microscope, Charles produisait des grossissements énormes; de la chaleur réfléchie, il incendiait des objets à des distances prodigieuses; et lorsqu'il eut à exposer des phénomènes électriques, il y procéda en foudroyant des animaux et en allant, au moyen d'un cerf-volant, soutirer aux nuages orageux leur redoutable fluide.

En peu de temps sa renommée fut européenne; son cours devint le rendez-vous de la société la plus élégante en même temps que des personnes les plus distinguées par leur savoir; et Charles eut l'honneur de compter parmi ses auditeurs Franklin lui-même, qui, charmé de la manière dont ses travaux étaient expliqués et reproduits, combla d'éloges l'éminent professeur, « auquel, disait-il, la nature semblait obéir. » Un des effets de cette réputation fut d'attirer sur notre héros l'attention du gouvernement, qui offrit de lui rendre sa charge. Charles ne l'accepta qu'à condition de pouvoir la céder, comme cela se pratiquait alors; il en consacra le prix à l'acquisition de nouveaux instruments et à l'agrandissement de son cabinet. Nous avons parlé et nous parlerons encore des services qu'il rendit à l'art aérostatique.

Il mérita par ses services que Louis XVI lui accordât une pension et invitât l'Académie des sciences à joindre son nom à celui des frères Montgolfier sur la médaille frappée pour perpétuer le souvenir de leur découverte. En 1785, il fut nommé membre de l'Académie et autorisé à transporter au Louvre son cabinet de physique et son domicile. Ce fut là qu'il reçut un jour la visite de Marat. Celui-ci était alors médecin, et préludait à son rôle futur d'énergumène révolutionnaire en essayant de bouleverser la science. Ne pouvant faire partager à Charles ses opinions, il s'échauffa au point de se laisser aller à une colère aveugle, et se précipita l'épée à la main sur le physicien, qui, ayant sur lui l'avantage de la vigueur et du sang-froid, n'eut pas de peine à le désarmer. On emporta Marat privé de l usage de ses sens, tant le sang avait afflué à son cerveau malade. Malgré cette aventure, Charles ne fut point inquiété pendant la Terreur, et reprit paisiblement ses leçons aussitôt que le calme commença de se rétablir. En 1795, il fut désigné l'un des premiers pour faire partie de l'institut, et cette compagnie fit de lui son bibliothécaire. Un peu plus tard, il se vit confier la chaire de physique au Conservatoire des arts et métiers; et le gouvernement fit l'acquisition de son cabinet, dont la jouissance lui fut néanmoins laissée tant qu'il vécut. Charles mourut de la pierre, le 7 avril 1823. On lui doit l'invention du *mégascope;* ses œuvres écrites se bornent à quelques mémoires compris dans le recueil de l'Académie des sciences, et à un certain nombre d'articles publiés dans l'*Encyclopédie méthodique.*

Quelques jours s'étaient à peine écoulés depuis l'ascension de Pilastre et du marquis d'Arlandes, lorsque les journaux annoncèrent « qu'une souscription était ouverte « pour la construction et l'appareillement d'un globe de « soie devant porter deux voyageurs, lesquels s'élève- « raient à ballon perdu, et tenteraient en l'air des obser- « vations et des expériences de physique. » Le public se rendit à cet appel avec empressement, et dès le 2 novembre on put voir le ballon gonflé d'air suspendu à l'entrée de la grande allée des Tuileries. Son diamètre était de neuf mètres; il était à bandes alternativement rouges et jaunes, enveloppé de son filet, auquel était suspendu un char bleu et or. On disposa dans le bassin situé en face du pavillon central un appareil à hydrogène composé de vingt-cinq tonneaux munis de tubes qui conduisaient le gaz dans une vaste cuve pleine d'eau, destinée à le refroidir et à le débarrasser des gaz étrangers qu'il entraînait avec lui; de cette cuve, l'hydrogène passait, par un tuyau plus large, dans l'intérieur du ballon. Il fallut quatre jours pour remplir l'aérostat, et encore eut-on à craindre un moment de voir tout l'appareil détruit. Un des tonneaux sauta pendant la nuit, et si l'on n'eût fermé aussitôt le robinet de communication, l'explosion se fût sans doute propagée; mais cette précaution empêcha que le dommage ne fût sérieux. On continua donc l'opération, qui se trouva terminée au jour dit, 1er décembre 1783.

A midi, tout était prêt. Les corps savants et les hauts souscripteurs (1) occupaient les places réservées autour du bassin. Le reste du jardin était rempli par la plèbe de ceux dont la mise n'avait été que de trois livres. Quant aux curieux non payants, ils se pressaient aux alentours sur les quais, sur le Pont-Royal, sur la place Louis XV, aux fenêtres, et jusque sur les toits des maisons. On attendait impatiemment; tout à coup le bruit se répand que le roi s'oppose à ce que l'ascension ait lieu, au moins avec des voyageurs. Déjà à ce moment des partisans des ballons à feu et ceux des ballons à air inflammable formaient deux camps opposés et jaloux de se nuire. A cette nouvelle, les premiers triomphent, et quelques-uns ne craignent pas de dire que MM. Charles et Robert ont eux-mêmes sollicité cette prohibition, pour se dispenser de tenir envers le public une parole donnée témérairement. Charles, indigné, se rend aussitôt chez le baron de Breteuil, alors ministre, et proteste énergiquement contre une défense qui, sous prétexte de protéger sa vie et celle de son compagnon, les déshonore tous deux; il menace même de se brûler la cervelle, si la décision du roi n'était rapportée. Les instants étaient précieux; le retard se prolongeant, le public allait se retirer, et les aéronautes demeuraient convaincus de lâcheté, de mensonge; il fallait prendre un parti sur l'heure. Le baron de Breteuil s'arrêta à celui que conseillait la justice : n'ayant pas le temps d'instruire et de consulter le roi, il prit sur lui de lever la défense.

A une heure et demie le canon se fit entendre. Les deux voyageurs étaient à leur poste, et leur navire aérien chargé du lest et des ustensiles nécessaires. Charles, tenant, pour ainsi dire, en laisse un petit globe de soie verte de deux mètres seulement de diamètre, destiné à indiquer l'aire du vent, s'approcha de Mme Étienne de Montgolfier, placée auprès de son mari dans l'enceinte réservée; il le remit

(1) A quatre louis par tête.

gracieusement entre ses mains; puis, offrant un couteau à Étienne, il le pria de couper la corde, en ajoutant : « C'est à vous, Monsieur, qu'il appartient de nous ouvrir la route des cieux. » C'était répondre par un acte de haute courtoisie aux imputations calomnieuses de ses adversaires. Le public, comprenant le bon goût de cette allusion, éclata en applaudissements. Le globe précurseur partit dans la direction du nord-est. Alors les deux voyageurs montèrent dans leur nacelle, et l'aérostat, délivré de ses liens, s'éleva majestueusement, au milieu des démonstrations de l'enthousiasme le plus vif, et des acclamations de trois cent mille spectateurs. Ce voyage ayant une grande importance historique, puisque ce fut le premier qu'on ait tenté par le moyen d'un ballon à gaz hydrogène, et présentant d'ailleurs, à cause du succès avec lequel il fut exécuté, un intérêt particulier, nous croyons devoir, pour en donner à nos lecteurs une idée complète, reproduire ici les principaux passages du récit que Charles lui-même nous a laissé de cette mémorable expérience.

« ... Le globe, échappé des mains de M. de Montgolfier, dit-il, s'élança dans les airs et sembla y porter le témoignage de notre réunion; les acclamations l'y suivaient. Pendant ce temps nous préparions à la hâte notre fuite : les circonstances orageuses qui nous pressaient nous empêchèrent de mettre à nos dispositions toute la précision que nous nous étions proposée la veille. Il nous tardait de n'être plus à terre. Le globe et le char en équilibre touchaient encore au sol qui nous portait; il était une heure trois quarts. Nous jetons dix-neuf livres de lest, et nous nous élevons au milieu du silence concentré par l'émotion et la surprise de l'un et de l'autre parti.

« Jamais rien n'égalera ce moment d'hilarité qui s'empara de mon existence lorsque je sentis que je fuyais la terre; ce n'était pas du plaisir, c'était du bonheur. Échappé aux tourments affreux de la persécution et de la calomnie, je sentis que je répondais à tout en m'élevant au-dessus de tout.

« Au sentiment moral succéda bientôt une sensation plus vive encore, l'admiration du majestueux spectacle qui s'offrait à nous. De quelque côté que nous abaissions nos regards, tout était fête; au-dessus de nous, un ciel sans nuages; dans le lointain, l'aspect le plus délicieux.

« — O mon ami, disais-je à M. Robert, quel est notre bonheur ! j'ignore dans quelle disposition nous laissons la terre ; mais comme le ciel est pour nous ! Quelle scène ravissante ! Que ne puis-je tenir ici le dernier de nos détracteurs, et lui dire : « Regarde, malheureux, tout ce qu'on perd à arrêter le progrès des sciences ! »

« Tandis que nous nous élevions progressivement par un mouvement accéléré, nous nous mîmes à agiter en l'air nos banderoles en signe d'allégresse et afin de rendre la sécurité à ceux qui prenaient intérêt à notre sort ; pendant ce temps j'observais toujours le baromètre. M. Robert faisait l'inventaire de nos richesses ; nos amis avaient lesté notre char comme pour un voyage de long cours : vins de Champagne, etc., couvertures et fourrures, etc.

« — Bon, lui dis-je, voilà de quoi jeter par la fenêtre. »

« Alors le baromètre descendit à environ vingt-six pouces. Nous avions cessé de monter, c'est-à-dire que nous étions élevés à environ trois cents toises. C'était la hauteur à laquelle j'avais promis de nous contenir ; et, en effet, depuis ce moment jusqu'à celui où nous avons disparu aux yeux des observateurs en station, nous avons toujours composé notre marche horizontale entre vingt-six pouces de mercure et vingt-six pouces huit lignes ; ce qui s'est trouvé d'accord avec les observations de Paris.

« Nous avions soin de perdre du lest à mesure que nous descendions par la perte insensible de l'air inflammable, et nous nous élevions insensiblement à la même hauteur. Si les circonstances nous avaient permis de mettre plus de précision à ce lest, notre marche eût été presque absolument horizontale et à volonté.

« Arrivé à la hauteur de Monceaux, que nous laissions un peu à gauche, nous restâmes un instant stationnaires. Notre char se retourna, et enfin nous filâmes au gré du vent. Bientôt nous passons la Seine entre Saint-Ouen et Asnières, et telle fut à peu près notre marche aérographique : laissant Colombe sur la gauche, passant presque au-dessus de Gennevilliers, nous avons traversé une seconde fois la rivière ; et, laissant Argenteuil sur la gauche, nous avons passé à Saunais, Franconville, Eaux-Bonnes, Saint-Leu-Taverny, Villiers et l'Isle-Adam, et enfin Nesle, où nous sommes descendus. Tels sont à peu près les endroits sur lesquels nous avons dû passer presque perpendiculairement. Ce trajet fait environ neuf lieues de Paris, et nous l'avons parcouru en deux heures, quoiqu'il n'y eût dans l'air presque pas d'agitation sensible.

« Durant tout le cours de ce délicieux voyage, il ne nous est pas venu en pensée d'avoir la plus légère inquiétude sur notre sort et sur celui de notre machine. Le globe n'a souffert d'autre altération que les modifications successives de dilatation et de compression dont nous profitâmes pour monter et descendre à volonté d'une quantité quelconque. Le thermomètre a été pendant plus d'une heure entre six et douze degrés au-dessus de zéro, ce qui vient de ce que l'intérieur de notre char était réchauffé par les rayons du soleil.

« Sa chaleur se fit bientôt sentir à notre globe, et contribua, par la dilatation de l'air inflammable intérieur, à nous tenir à la même hauteur sans être obligés de perdre de notre lest; mais nous faisions une perte plus précieuse : l'air inflammable, dilaté par la chaleur solaire, s'échappait par l'appendice du globe que nous tenions à la main, et que nous lâchions suivant les circonstances, pour donner issue au gaz trop dilaté.

« C'est par ce moyen simple que nous avons évité ces expansions et ces explosions que les personnes peu instruites redoutaient pour nous. L'air inflammable ne pouvait pas briser sa prison, puisque la porte lui en était toujours ouverte, et l'air atmosphérique ne pouvait entrer dans le globe, puisque sa pression même faisait de l'appendice une véritable soupape qui s'opposait à sa rentrée.

« Au bout de cinquante-six minutes de marche nous entendîmes le coup de canon qui était le signal de notre disparition aux yeux des observateurs de Paris. Nous nous réjouîmes de leur avoir échappé. N'étant plus obligés de composer strictement notre course horizontale, ainsi que nous avions fait jusqu'alors, nous nous sommes abandonnés plus entièrement aux spectacles variés que nous présentait l'immensité des campagnes au-dessous de nous ; dès ce moment nous n'avons plus cessé de converser avec leurs habitants, que nous voyions accourir vers nous de toutes parts; nous entendions leurs cris d'allégresse, leurs vœux, leurs sollicitudes, en un mot, l'alarme de l'admiration.

« Nous criions : « Vive le roi ! » et toutes les campagnes répondaient à nos cris. Nous entendions très-distinctement : « Mes bons amis, n'avez-vous point peur ? — N'êtes-vous point malades ? — Dieu ! que c'est beau ! — Nous prions Dieu qu'il vous conserve. — Adieu, mes amis ! » J'étais touché jusqu'aux larmes de cet intérêt tendre et vrai qu'inspirait un spectacle aussi nouveau... Enfin nous arrivâmes près des plaines de Nesle.

« Il était trois heures et demie passées ; j'avais le dessein de faire un second voyage et de profiter de nos avantages ainsi que du jour. Je proposai à M. Robert de descendre. Nous voyions de loin des groupes de paysans qui se précipitaient au-devant de nous à travers les champs. « Laissons-nous aller, » lui dis-je. Alors nous descendîmes dans une vaste prairie. Des arbustes, quelques arbres bordaient son enceinte. Notre char s'avançait majestueusement sur un plan incliné très-prolongé. Arrivé près de ces arbres, je craignis que leurs branches ne vinssent heurter le char. Je jetai deux livres de lest, et le char s'éleva par-dessus, en bondissant à peu près comme un coursier qui franchit une haie. Nous parcourûmes plus de vingt toises à un à deux pieds de terre : nous avions l'air de voyager en traîneau. Les paysans couraient après nous sans pouvoir nous atteindre, comme des enfants qui poursuivent des papillons dans une prairie.

« Enfin nous prenons terre. On nous environne. Rien n'égale la naïveté rustique et tendre, l'effusion de l'admiration et de l'allégresse de tous ces villageois.

« Je demandai sur-le-champ les curés, les syndics : ils accoururent de tous côtés ; il était fête sur le lieu. Je dressai aussitôt un court procès-verbal, qu'ils signèrent. Arrive un groupe de cavaliers au grand galop : c'était Mgr le duc de Chartres, M. le duc de Fitz-James et M. Farrer, gentilhomme anglais, qui nous suivaient depuis Paris. Par un hasard très-singulier, nous étions descendus auprès de la maison de chasse de ce dernier. Il saute de dessus son cheval, s'élance sur notre char, et dit en m'embrassant : « Monsieur Charles, moi premier ! »

« Nous fûmes comblés des caresses du prince, qui nous embrassa tous deux dans notre char, et eut la bonté de signer notre procès-verbal ; M. le duc de Fitz-James en fit autant ; M. Farrer le signa trois fois de suite. On a omis sa signature dans le journal, parce qu'on n'a pu la lire; il était si agité de plaisir qu'il ne pouvait écrire. De plus de cent cavaliers qui couraient après nous depuis Paris et que nous apercevions à peine du haut de notre char, c'étaient les seuls qui eussent pu nous joindre. Les autres avaient crevé leurs chevaux, ou y avaient renoncé.

« Je racontai brièvement à Mgr le duc de Chartres quelques circonstances de notre voyage. « Ce n'est pas tout, Monseigneur, ajoutai-je en souriant, je m'en vais repartir.

« — Comment, repartir ?

« — Monseigneur, vous allez voir. Il y a mieux : quand voulez-vous que je redescende ?

« — Dans une demi-heure.

« — Eh bien ! soit, Monseigneur ; dans une demi-heure je suis à vous. »

« M. Robert descendit du char, ainsi que nous étions convenus en voyageant. Trente paysans serrés autour et appuyés dessus, et le corps presque plongé dedans, l'empêchaient de s'envoler. Je demandai de la terre pour me faire un lest ; il ne m'en restait plus que trois à quatre livres. On va chercher une bêche qui n'arrive point. Je demande des pierres, il n'y en avait pas dans la prairie. Je voyais le temps s'écouler, le soleil se coucher. Je calculai rapidement la hauteur possible où pouvait m'élever la légèreté spécifique de cent trente livres que je venais d'acquérir par la descente de M. Robert, et je dis à Mgr le duc de Chartres : « Monseigneur, je pars. » Je dis aux paysans : « Mes amis, retirez-vous tous en même temps des bords du char au premier signal que je vais faire, et je vais m'enlever. »

« Je frappe de la main, ils se retirent ; je m'élançai comme l'oiseau ; en dix minutes j'étais à plus de quinze cents toises ; je n'apercevais plus les objets terrestres, je ne voyais plus que les grandes masses de la nature...

« Je m'attendais à ce qui allait arriver. Le globe, qui était assez flasque à mon départ, s'enfla insensiblement. Bientôt l'air inflammable s'échappa à grands flots par l'appendice. Alors je tirai de temps en temps la soupape pour lui donner à la fois deux issues, et je continuai à monter en perdant de l'air. Il sortait en sifflant et devenait visible, ainsi qu'une vapeur chaude qui passe dans une atmosphère beaucoup plus froide.

« La raison de ce phénomène est simple. A terre le thermomètre était à 7° au-dessus de glace ; au bout de dix minutes d'ascension, j'avais 5° au-dessous. On sent que l'air inflammable n'avait pas eu le temps de se mettre en équilibre de température ; son équilibre élastique étant beaucoup plus prompt que celui de la chaleur, il en devait sortir une plus grande quantité que celle que la dilatation extérieure de l'air pouvait déterminer par sa moindre pression.

« Quant à moi, exposé à l'air libre, je passai en dix minutes de la température du printemps à celle de l'hiver. Le froid était vif et sec, mais point insupportable. J'interrogeai alors paisiblement toutes mes sensations, *je m'écoutai vivre,* pour ainsi dire, et je puis assurer que dans le premier moment je n'éprouvai rien de désagréable dans ce passage subit de dilatation et de température...

« ... A mon départ de la prairie, le soleil était couché pour les habitants des vallons ; bientôt il se leva pour moi seul, et vint encore une fois dorer de ses rayons le globe et le char. J'étais le seul corps éclairé dans l'horizon, et je voyais tout le reste plongé dans l'ombre. Bientôt le soleil disparut lui-même, et j'eus le plaisir de le voir se coucher deux fois dans le même jour...

« J'eus plusieurs déviations très-sensibles. Je sentis avec surprise l'effet du vent, et je vis pointer les banderoles de mon pavillon ; nous n'avions pu observer ce phénomène dans notre premier voyage...

« Au milieu du ravissement inexprimable de cette extase contemplative, je fus rappelé à moi-même par une douleur très-extraordinaire que je ressentis dans l'intérieur de l'oreille droite et dans les glandes maxillaires. Je l'attribuai à la dilatation de l'air contenu dans le tissu cellulaire de l'organisme autant qu'au froid de l'air environnant. J'étais en veste et la tête nue. Je me couvris d'un bonnet de laine qui était à mes pieds ; mais la douleur ne se dissipa qu'à mesure que j'arrivai à terre.

« Il y avait environ sept à huit minutes que je ne montais plus : je commençais même à descendre par la condensation de l'air inflammable intérieur. Je me rappelai la promesse que j'avais faite à Mgr le duc de Chartres de revenir à terre au bout d'une demi-heure. J'accélérai ma descente en tirant de temps en temps la soupape supérieure. Bientôt le globe, vide presque à moitié, ne me présentait plus qu'un hémisphère.

« J'aperçus une très-belle plage en friche auprès du bois de la Tour-du-Lay; alors je précipitai ma descente. Arrivé à vingt à trente toises, je jetai subitement deux à trois livres de lest qui me restaient, et que j'avais gardé précieusement; je restai un instant comme stationnaire et vint descendre mollement sur la friche même que j'avais, pour ainsi dire, choisie. J'étais à plus d'une lieue du point de départ. Les déviations fréquentes que j'essuyai, les retours sur moi-même me font présumer que le trajet aérien a été de plus de trois lieues. Il y avait trente-cinq minutes que j'étais parti; et telle est la sûreté des combinaisons de notre machine aérostatique, que je pus consommer à volonté cent trente livres de légèreté spécifique, dont la conservation également volontaire eût pu me maintenir en l'air au moins vingt-quatre heures de plus. »

En revenant à terre pour la seconde fois, Charles fut bientôt rejoint par l'enthousiaste gentilhomme anglais, M. Farrer, qui l'emmena à sa maison de chasse pour y passer la nuit. Le lendemain, lorsqu'il voulut rentrer chez lui, l'aéronaute trouva devant sa demeure un rassemblement nombreux qui l'accueillit avec les acclamations les plus flatteuses. Il se rendit de là au Palais-Royal pour faire sa cour au duc de Chartres. En sortant de chez ce prince, il reçut une nouvelle ovation et fut ramené chez lui en triomphe. Le ballon et le char qui avaient servi à l'excursion le 1er décembre furent placés comme un trophée dans le cabinet de physique de Charles.

On s'est étonné que ce physicien n'ait pas été par la réussite de cette expérience poussé à la renouveler pour perfectionner l'art de l'aérostation. On a même été jusqu'à l'accuser d'avoir manqué de courage. Pour nous, il nous semble que l'audace qu'il montra en s'élançant à deux reprises consécutives au haut des airs par un moyen que nul n'avait essayé avant lui, l'absout suffisamment du reproche gratuit de lâcheté. Et au lieu de nous étonner de l'inaction à laquelle il se condamna depuis lors, nous préférons y voir une preuve de plus de son bon sens et de sa sagacité. Il avait accompli sa tâche; et, sachant sans doute que jamais celui qui pose les fondements d'un art nouveau ne doit espérer d'y mettre la dernière main, il aima mieux s'arrêter à temps que de s'aventurer dans une voie où il se fût égaré. Il pressentait que le moment n'était point venu pour l'homme de transformer définitivement l'atmosphère en un océan que des navigateurs ailés pourraient à leur gré sillonner en tous sens. Sachons donc lui tenir compte de ce qu'il fit, nous qui, disposant de ressources bien plus grandes, n'avons pas su faire mieux jusqu'ici; et ne lui imputons pas à crime de s'être, dans les recherches sur l'aérostation, arrêté au point où elles ne pouvaient plus porter aucun fruit.

Les contemporains de Charles lui rendirent meilleure justice en le confondant avec les Montgolfier dans les manifestations de leur gratitude et de leur admiration. La gloire des conquérants de l'air fut célébrée à l'envi par les poëtes et par les amis des sciences et des arts; elle reçut en outre, de la part du gouvernement et des corps constitués, d'honorables récompenses. Les états du Vivarais votèrent l'érection à Annonay, sur l'emplacement où avait eu lieu l'expérience du 5 juin, d'un obélisque en marbre avec cette inscription : *Aux deux frères Montgolfier leurs concitoyens reconnaissants.* De son côté, l'Académie des sciences décida qu'une médaille serait frappée à leur effigie pour perpétuer le souvenir de leur découverte; que le prix de six mille livres fondé par un citoyen anonyme pour l'encouragement des sciences et des arts leur serait décerné pour l'année 1783, et que MM. de Montgolfier, Charles, Robert, Pilastre du Rozier et le marquis d'Arlandes seraient inscrits au nombre des associés surnuméraires de l'Académie. Enfin Louis XVI accorda à Étienne de Montgolfier, pour son vieux père, des lettres patentes d'anoblissement, et à Charles une pension de deux mille livres. Il voulut en outre que le nom de ce dernier fût inscrit sur la médaille votée par l'Académie.

Le blason de la famille de Montgolfier, réglé par arrêté du juge d'armes de la noblesse française, en date du 7 janvier 1784, porte pour devise : *Sic itur ad astra.*

V

Le ballon de Flesselles à Lyon. — Blanchard. — Son ascension au Champ-de-Mars. — Mme Thible à Lyon. — Aérostat de l'académie de Dijon. — Ascensions de Pilastre et de Proust à Versailles, — du duc de Chartres et des frères Robert à Saint-Cloud, — de Vincent Lunardi à Londres, etc. — Blanchard et le docteur Jeffries traversent la Manche en ballon. — Mort de Pilastre du Rozier et de Romain. — Ascensions diverses. — Invention du parachute : Sébastien Lenormand ; Garnerin ; Cocking.

Cependant une grande expérience aérostatique se préparait depuis longtemps à Lyon sous le patronage de M. de Flesselles, intendant de la province, et sous la direction de Joseph de Montgolfier. On n'avait eu d'abord en vue que de faire voyager en l'air des animaux ; et comme le produit peu considérable de la souscription ne permettait pas de viser au luxe, on avait construit la machine d'une façon assez grossière, avec de la toile et du papier, en lui donnant, comme par compensation, des dimensions colossales.

Les travaux touchaient à leur fin, lorsque arriva à Lyon la nouvelle du succès obtenu à Paris par Charles et Robert. On songea alors seulement à disposer la machine de façon à ce qu'elle pût enlever non plus des animaux, mais des hommes. Cette idée fut accueillie avec transport, et plus de quarante personnes se firent inscrire pour prendre part à l'excursion. On prétendait aller, selon la direction du vent, à Marseille, à Avignon, ou même à Paris. Au premier rang des compétiteurs se trouvaient MM. le comte de Laurencin, associé de l'académie de Lyon, Pilastre du Rozier, les comtes de Dampierre, de Laporte d'Anglefort, et le prince Charles de Ligne, accourus tout exprès de Paris ; Fontaine, jeune négociant de Lyon, et enfin Joseph de Montgolfier, qu'on avait d'une commune voix proclamé chef de l'expédition.

Il fallut, pour approprier l'aérostat à sa nouvelle destination, lui faire subir de notables changements, et les difficultés qu'on rencontra dans ce travail, les essais préparatoires qu'il fallut exécuter, enfin la persistance d'un temps défavorable entraînèrent des longueurs dont le public lyonnais finit par se montrer mécontent, désespérant de voir jamais le ballon s'enlever, et accusant d'ineptie et de pusillanimité le futur équipage du malencontreux vaisseau. Un jour, l'avis ayant été publié que l'expérience était retardée à cause de la neige qui tombait en abondance, on adressa à M. de Laurencin l'épigramme suivante :

Fiers assiégeants du séjour du tonnerre,
Calmez votre colère.
Eh ! ne voyez-vous pas que Jupiter tremblant
Vous demande la paix par son pavillon blanc !

« Eh bien donc, répondit Laurencin, nous irons chercher nous-mêmes les clauses de l'armistice. »

En effet, le 5 janvier 1784, tout était prêt, et l'on résolut de tenter l'ascension. Montgolfier, Dampierre, Laporte, de Ligne, Laurencin et Pilastre montèrent dans la galerie. Le dernier fit observer qu'il y avait grave imprudence à charger de six personnes une machine déjà très-lourde, et capable d'en porter trois au plus ; mais nul ne voulut descendre. En vain Pilastre et Montgolfier insistèrent, proposant de tirer au sort pour savoir qui resterait et qui s'en irait ; les gentilshommes répondirent avec hauteur que s'il fallait en venir là, ce serait par l'épée et non par le sort que se feraient les exclusions. Il fallut se résigner, sous peine de voir couler le sang ; mais encore avait-on compté sans un septième obstiné, le négociant Fontaine, qui, au moment où l'on venait de couper les cordes, escalada la balustrade, et, sans s'inquiéter de l'accueil peu bienveillant qu'il recevait, se fit admettre d'autorité parmi les voyageurs. Cette surcharge excessive obligea d'attiser fortement le foyer, moyennant quoi le ballon put s'élever assez rapidement.

Ce dut être un magnifique spectacle que l'ascension de ce globe énorme, dont le diamètre était de trente-trois mètres, et la hauteur de quarante-deux ; et l'on peut, par ce qu'on a déjà vu des expériences faites à Paris, se former une idée du ravissement des spectateurs lyonnais. La partie supérieure du ballon était de forme hémisphérique et de couleur grisâtre; la partie inférieure offrait la figure d'un cône tronqué et renversé; elle était revêtue de bandes de laine bigarrées. Le globe était orné de deux médaillons, dont l'un représentait allégoriquement la Renommée, et l'autre l'Histoire. La galerie portait un drapeau aux armes de la ville et sur lequel on lisait ce nom : *Le Flesselles.*

A ces magnifiques apparences répondait malheureusement une médiocre solidité. Au bout d'un quart d'heure, et comme on était arrivé à sept cent soixante-dix-neuf mètres au-dessus du sol, l'enveloppe, fatiguée par de trop longues manœuvres et chauffée outre mesure par le feu intense que nécessitait le poids exorbitant du lest et des voyageurs, se fendit sur une longueur de quinze mètres, et, perdant par cette vaste déchirure presque toute sa légèreté spécifique, elle redescendit subitement avec une effrayante rapidité. Ce ne fut que grâce au sang-froid intrépide et à l'adresse de Pilastre que les imprudents aéronautes échappèrent à la mort. Pilastre eut la présence d'esprit de ranimer à temps le foyer et de jeter par-dessus le bord tout ce qui restait de charges inutiles, en sorte qu'au lieu d'éprouver un choc qui les eût broyés, ils en furent quittes pour une secousse assez légère.

Le peu de succès de cette entreprise n'empêcha pas qu'on ne rendît généralement justice au courage de ceux qui l'avaient tentée, et qu'au bal, au théâtre, partout où ils se montrèrent en public, ils ne reçussent les marques les moins équivoques d'une profonde sympathie et d'une vive admiration. Toutefois la malignité se mit aussi de la partie, comme pour faire ombre au tableau, et l'on décocha quelques traits de raillerie, dirigés à la vérité moins contre les personnes que contre l'aérostat lui-même, dont la chute précipitée, n'ayant point entraîné de malheur, avait bien quelque chose de plaisant. Voici un quatrain qui eut alors à Paris une vogue dont il n'était pas tout à fait indigne, à ce qu'il nous semble :

Vous venez de Lyon ? Parlez-nous sans mystère :
Le globe est-il parti ? Le fait est-il certain ?
— Je l'ai vu. — Dites-nous, allait-il bien grand train ?
— S'il allait !... Oh ! Monsieur, il allait... *ventre à terre !*

Ici se place dans l'ordre chronologique l'ascension exécutée à Milan, au moyen d'une montgolfière, par le comte

Andreani et les frères Gerli. Puis nous voyons paraître dans la lice un nouveau jouteur qui s'y fit un nom célèbre et acquit en outre une grande fortune. Nous voulons parler de Blanchard, homme audacieux, qui, au goût des arts mécaniques, joignait une activité infatigable et peut-être une certaine âpreté au gain. Déjà, avant la découverte des aérostats, il avait essayé, comme tant d'autres, de construire un char volant; mais il n'en avait pu tirer aucun parti. Les ballons étaient inventés, sa carrière était tracée : il se fit aéronaute, et fut un de ceux qui tout d'abord prétendirent diriger les navires aériens.

Il exécuta au Champ-de-Mars, le 2 mars 1784, sa première ascension; la foule était immense comme de coutume. Blanchard s'était avisé d'adapter au ballon, au lieu d'une simple nacelle, le char volant qu'il avait essayé sans succès deux années auparavant. Il attendait de cette combinaison des résultats merveilleux. Il s'embarqua d'abord avec le moine bénédictin dom Pech, physicien distingué, qui s'était pris d'un grand enthousiasme pour l'aérostation; mais le ballon, trop chargé et troué en plusieurs endroits, ne put s'élever qu'à cinq mètres au-dessus du sol, après quoi il retomba lourdement. Dom Pech jugea donc prudent de se retirer; Blanchard répara les avaries de sa machine, et il allait repartir seul, lorsqu'un jeune élève de l'École militaire, nommé Dupont de Chambon, vint tout à coup s'installer dans la nacelle sans que ni prières ni menaces pussent le décider à en sortir. Une lutte finit par s'engager entre lui et Blanchard. Celui-ci fut blessé au poignet d'un coup d'épée; et peut-être l'aventure eût tourné au tragique si la garde ne fût intervenue et ne se fût emparée de ce jeune fou, qui n'avait pourtant, assure-t-on, d'autre but que de gagner un pari fait avec ses camarades. Blanchard put enfin s'élever. Arrivé à une grande hauteur, son ballon, trop gonflé au départ, se tendit au point de crever. L'imprudent aéronaute, complètement dépourvu de connaissances en physique, ne se doutait point du danger qui le menaçait; mais, cédant à la peur irréfléchie qu'il éprouvait à se trouver ainsi isolé au-dessus des nuages, il ouvrit la soupape pour redescendre; le gaz put alors s'échapper, et les parois du ballon se détendirent. Blanchard arriva sans accident auprès de Sèvres et s'abattit dans la plaine de Billancourt. Son voyage avait duré une heure quinze minutes. Il va sans dire que son appareil moteur et directeur ne lui avait été d'aucun usage.

A partir de cette époque, Blanchard fit des voyages aériens l'unique affaire de sa vie. Il se mit à parcourir l'Europe, donnant dans les principales villes des représentations aérostatiques; puis il passa en Amérique. Son but n'était nullement scientifique, et il ne se proposait rien autre chose que de gagner de l'argent; ce fut donc lui qui le premier fit déchoir l'aérostation du rang d'art scientifique à celui d'exercice lucratif. Il y gagna des sommes énormes (1); mais comme ses dépenses étaient plus considérables encore, il mourut misérable. Sa veuve fut obligée, pour vivre, d'embrasser la profession de son mari. Elle réussit comme lui à s'y enrichir; mais, moins heureuse ou moins prudente que lui, elle y trouva la mort, ainsi que nous le verrons un peu plus loin.

Mme Blanchard ne fut pas toutefois la première femme qui osa s'aventurer dans les airs. Le 4 juin 1784, le roi de Suède étant de passage à Lyon, Mme Thible s'éleva en sa présence dans un ballon à gaz hydrogène. Cette ascension réussit parfaitement, mais ne fut signalée par aucun incident curieux.

Le 25 avril de la même année, un immense ballon à gaz hydrogène, construit à grands frais par l'Académie de Dijon, et monté par Guyton de Morveau et Bertrand, commissaire de cette académie, s'était élevé une première fois; il était redescendu à Magny-lez-Auxonne, après une traversée d'une heure trente-sept minutes. Guyton de Morveau répéta son expérience le 12 juin avec M. de Virly. L'aérostat, destiné à des études scientifiques sur la direction des vaisseaux aériens, était muni de rames et d'un gouvernail dont les voyageurs tirèrent quelque parti; mais ces expériences, bien que dirigées consciencieusement par un des savants les plus distingués du XVIIIe siècle, ne conduisirent qu'à des résultats sans importance.

(1) Blanchard avait, lors de sa première ascension, écrit sur les banderoles de son char et fait imprimer sur des cartes d'entrée la devise des Montgolfier : *Sic itur ad astra.* On fit contre lui, à ce propos, le quatrain suivant :

Au Champ-de-Mars il s'envola,
Au champ voisin il resta là.
Beaucoup d'argent il ramassa :
Messieurs, *sic itur ad astra.*

Nous faisons grâce à nos lecteurs de la longue énumération des ascensions sans nombre qui, dans le cours des années 1784 et 1785, se succédèrent sans interruption sur tous les points de la France. La plupart n'offrant rien d'intéressant, nous nous bornerons à mentionner celles que des circonstances particulières signaleront à notre attention.

Le 23 juin 1784, Pilastre du Rozier et le chimiste Proust exécutèrent à Versailles, en présence de Louis XVI et du comte de Haga (roi de Suède), une ascension remarquable au moyen d'une gigantesque montgolfière, à laquelle la reine Marie-Antoinette avait permis qu'on donnât son nom. Partis de la cour du château à quatre heures quarante cinq minutes, ils redescendirent à Chantilly à cinq heures trente-deux minutes. Cette excursion marque, au propre et au figuré, *l'apogée* (1) des montgolfières ou ballons à feu. En effet, les deux aréonautes atteignirent ce jour-là la plus grande hauteur et parcoururent la plus longue distance qu'ait pu fournir ce genre de machine, puisqu'ils parvinrent à une élévation de quatre mille mètres et franchirent un espace de cinquante-deux kilomètres. Depuis cette expérience, l'emploi des montgolfières devint de plus en plus rare, jusqu'à ce qu'enfin on l'abandonnât tout à fait.

Le duc de Chartres, M. Collin-Hullin et les frères Robert furent beaucoup moins heureux dans l'excursion qu'ils tentèrent le 13 juillet suivant, et qui faillit leur coûter la vie. L'aérostat était à hydrogène; il avait dix-huit mètres de hauteur sur douze de diamètre. Les frères Robert avaient cru introduire une disposition utile en suspendant dans l'intérieur un autre globe beaucoup plus petit, destiné à contenir de l'air ordinaire. « L'air inflammable, pensaient-ils, devant se dilater jusqu'au terme de l'enveloppe totale, devait en même temps comprimer le ballon intérieur et en faire sortir l'air atmosphérique en raison proportionnelle. » Un soufflet placé dans la galerie était destiné à remplir le ballon intérieur après la compression nécessitée par la

(1) Ce mot, composé de ἀπό et γῆ, et signifiant *loin de la terre*, indique dans son sens primitif, en termes d'astronomie, le moment où le soleil est le plus éloigné de notre planète. On l'emploie, par métaphore, pour exprimer le point culminant de gloire, de puissance, de prospérité qu'atteint un empire, un personnage, une institution, etc.

dilatation de l'hydrogène, et à augmenter conséquemment le poids total de l'appareil. Une fois en équilibre dans l'atmosphère, les voyageurs devaient, par ce moyen, monter et descendre à volonté, sans aucune déperdition de gaz. Ils avaient aussi adapté à la nacelle deux rames et un large gouvernail.

Les quatre aéronautes partirent à huit heures du matin du parc de Saint-Cloud, que remplissait une foule de curieux. Le temps était orageux, et le vent soufflait avec force dans des directions contraires. La machine, portée en trois minutes au sein d'épais nuages, devint le jouet des vents, qui lui faisaient éprouver des chocs et des revirements continuels et d'autant plus violents que les pales et le gouvernail donnaient plus de prise à l'air. On prit bien vite le sage parti de se débarrasser de ces agrès gênants et dangereux; mais l'aérostat continuant d'éprouver des secousses inquiétantes, les aéronautes voulurent aussi, pour aller chercher dans des régions supérieures un air plus tranquille, renvoyer à terre le petit ballon à air sur lequel ils avaient fondé de si belles espérances. Les cordes qui le retenaient furent coupées; mais, au lieu de tomber avec son ouverture appliquée sur celle du ballon principal, il se retourna et vint boucher complétement l'orifice de la soupape. En ce moment, pour comble de malheur, un coup de vent porta la machine de bas en haut, au-dessus des nuages, où elle se trouva exposée aux rayons d'un soleil ardent. Bientôt, sous l'influence de la chaleur, les parois du ballon se tendirent d'une manière effrayante; la soupape, interceptée, ainsi que nous l'avons dit, ne pouvait plus livrer passage au gaz, dont la dilatation ne faisait qu'appuyer plus fortement le petit globe sur l'orifice du grand. En vain les aéronautes essayèrent de le soulever avec des bâtons qu'ils introduisaient dans l'appendice; il leur fut impossible de le faire bouger. Cependant on était arrivé à une hauteur de quatre mille six cent quatre-vingts mètres, et, l'hydrogène se dilatant davantage d'instant en instant, une explosion était imminente. Le duc de Chartres prit alors un parti désespéré, le seul qui offrît une chance incertaine de salut. Avec la hampe d'un des drapeaux qui ornaient la nacelle, il pratiqua dans l'enveloppe du ballon deux ouvertures qui, s'agrandissant rapidement, ouvrirent au gaz une large issue. La machine redescendit alors avec une vitesse qui fit croire aux voyageurs que leur dernière heure avait sonné. Toutefois leur mouvement se ralentit lorsqu'ils arrivèrent dans les couches plus denses de l'atmosphère; mais tout danger n'était pas encore évité, car en approchant de terre ils s'aperçurent qu'ils se trouvaient juste au-dessus de l'étang de la Garenne. Heureusement il leur restait encore trente kilogrammes de lest; ils les jetèrent d'un seul coup; ce qui rendit leur direction plus oblique et leur permit de descendre à terre dans le parc de Meudon.

Un mois après (14 septembre 1784), se fit à Londres la première expérience aérostatique qui ait eu lieu en Angleterre. Elle fut exécutée par l'Italien Vincent Lunardi, dont l'exemple fut presque aussitôt suivi par MM. Sadler et Seldon. Ce dernier essaya même, de concert avec Blanchard, qui avait passé le détroit, de se diriger à l'aide d'un appareil en forme d'hélice imaginé par l'aéronaute français. Celui-ci comptait fermement que son invention résolvait le problème de la direction des aérostats. Il voulut en faire une épreuve décisive, et fit annoncer par les journaux anglais qu'il traverserait la Manche, de Douvres à Calais, dès que le vent serait favorable.

Il partit, en effet, des falaises de Douvres le 7 janvier 1785 à une heure, par un temps magnifique et un vent assez faible du N.-N.-O. Il était accompagné du docteur américain Jeffries. La machine avait été mal disposée; et au moment où elle quitta la terre, elle se trouva tellement lourde, que les voyageurs durent, pour s'élever, jeter la plus grande partie de leur lest. Au bout d'une demi-heure, comme ils étaient en pleine mer, ils s'aperçurent que leur ballon se dégonflait sensiblement et descendait; ils jetèrent la moitié du lest qui leur restait; le ballon descendait toujours : ils jetèrent tout; le ballon descendait encore : ils jetèrent une partie des objets qu'ils avaient emportés avec eux. Le ballon remonta quelque peu; mais ce mouvement fut de courte durée, et l'aérostat reprit bientôt sa direction de haut en bas. Il était alors deux heures et un quart, et les voyageurs n'avaient franchi que la moitié de la distance. Ils se débarrassèrent d'une ancre et de quelques autres outils. Leur marche devint alors à peu près horizontale, et à deux heures et demie ils aperçurent assez distinctement les côtes de France. Mais dans le même instant le ballon perdit une grande quantité de gaz et redescendit plus rapidement que jamais. En vain Blanchard et Jeffries lancèrent à la mer leurs cordages, leurs agrès, leurs provisions de bouche et jusqu'à leurs vêtements : la chute ne se ralentissait pas.

« Il faut que l'un de nous deux périsse pour sauver l'autre, dit alors à son compagnon le brave Jeffries; quant à moi, je suis prêt à me jeter à la mer.

— Nous pouvons peut-être encore nous sauver tous deux, répondit Blanchard, en nous débarrassant de notre nacelle et en nous suspendant aux cordages du ballon. »

Ils allaient tenter cette ressource suprême, lorsque tout à coup le ballon remonta; et comme le vent soufflait avec plus de force et toujours dans la même direction, ils arrivèrent à trois heures moins quelques minutes au-dessus de Calais, et ils descendirent sur la forêt de Guines, où ils purent débarquer sains et saufs.

Assurément cette entreprise extraordinaire n'avait d'autre mérite que celui d'une audace extravagante; et si elle n'eut pas un résultat désastreux, les voyageurs ne le durent qu'à un concours exceptionnel de circonstances tellement favorables, que le Ciel semblait avoir voulu sauver ces deux fous malgré eux. Toutefois le succès est une auréole dont la lumière éclipse les fautes les plus grossières. On vit dans ce voyage un trait de génie, et les aéronautes reçurent les honneurs du triomphe. A Calais on leur offrit un banquet splendide. La municipalité de cette ville décida qu'une colonne de marbre serait élevée sur le lieu même où ils étaient descendus; elle donna à Blanchard, dans une boîte d'or, le parchemin qui lui conférait le titre de *citoyen de la ville de Calais*, lui paya une somme de trois mille livres, et s'engagea à lui faire, sa vie durant, une pension de six cents livres, moyennant quoi elle put placer dans l'église l'aérostat miraculeusement sauvé des eaux. De Calais, Blanchard se rendit à Versailles, où il fut présenté au roi et à la reine. Louis XVI lui accorda une pension de douze cents livres à laquelle il joignit en surplus une somme égale à titre de gratification; et Marie-Antoinette, voulant donner aussi à l'aéronaute une preuve de sa bienveillance, lui fit remettre une forte somme qu'elle venait de gagner au jeu.

Le retentissement de cette ascension fut immense, et elle provoqua parmi les aéronautes une ardente émulation; mais le plus animé fut le bouillant Pilastre, qui, honteux d'avoir été devancé, annonça qu'à son tour il franchirait le détroit et passerait en ballon de France en Angleterre, au moyen d'une combinaison nouvelle permettant de se maintenir très-longtemps en l'air et de monter ou de descendre à volonté sans le secours du lest et sans avoir besoin de perdre du gaz. Le gouvernement alloua à Pilastre, sur la foi de son programme, une somme de quarante mille livres, destinée à couvrir les frais de construction de la machine. Or la combinaison du jeune physicien consistait à réunir en un seul les deux systèmes de Charles et de Montgolfier. Le ballon principal était gonflé d'hydrogène; au-dessous devait être suspendue une montgolfière dont le foyer, attisé ou ralenti, ferait monter ou descendre l'appareil selon le gré de l'aéronaute.

En vain les amis de Pilastre lui représentèrent que le voyage qu'il projetait et la machine à l'aide de laquelle il voulait l'exécuter l'exposaient à des dangers presque inévitables; en vain le judicieux Charles lui fit observer que mettre une montgolfière sous un ballon à hydrogène, c'était *placer un réchaud sous un baril de poudre;* il ne voulut rien entendre. Emporté par la fièvre d'expérimentation scientifique qui déjà lui avait fait maintes fois exposer sa vie comme de gaieté de cœur, lié par ses engagements envers le public et envers le gouvernement, il commença à Boulogne les préparatifs de sa périlleuse expédition. Des obstacles de toutes sortes vinrent à plusieurs reprises arrêter et contrecarrer ses travaux, comme si la Providence eût voulu, par des avertissements réitérés, le détourner de sa fatale résolution. Cinq mois s'étaient écoulés, des sommes énormes avaient été dépensées, et les vents, toujours contraires, s'opposaient toujours au départ du vaisseau vingt fois réparé, défait, reconstruit. Enfin un sombre découragement s'empara du malheureux Pilastre; il revint à Versailles, et demanda au ministre, M. de Calonne, la permission de donner à son aérostat une autre destination; mais il lui fut répondu *qu'on n'avait pas dépensé cent cinquante mille livres pour lui faire faire une promenade sur la côte.* Ces dures paroles équivalaient à un arrêt de mort.

Pilastre retourna à Boulogne et précipita son départ comme

eût fait un condamné ayant hâte d'en finir avec le supplice. Un jeune physicien de Boulogne, nommé Romain, avec qui il s'était lié pendant son séjour dans cette ville, voulut partager avec lui les périls de ce voyage. Tous deux partirent de la côte le 5 juin 1785. Ils arrivèrent assez rapidement à trois cent quatre-vingt-dix mètres en l'air. A cette hauteur, a raconté un témoin oculaire, M. de Maisonfort, on vit le ballon à hydrogène se dégonfler tout à coup et retomber sur la montgolfière, que ce poids fit redescendre d'autant plus rapidement que le réchaud n'avait pas même été allumé. Les infortunés aéronautes tombèrent près du bourg de Wimille, ensevelis sous les plis de leur double machine (1). Lorsqu'on les releva, Pilastre était sans vie, et son compagnon n'avait plus que quelques minutes à souffrir.

Autant l'heureuse issue du voyage de Blanchard et de Jeffries avait excité d'enthousiasme, autant la fin tragique de Pilastre du Rozier et de Romain causa de consternation. Le deuil fut général, et la ville de Boulogne se rendit l'interprète du sentiment public en décernant aux deux martyrs de l'art aérostatique les honneurs dus à leur courageux dévouement (2). Un monument funèbre fut élevé à l'endroit où ils étaient tombés, et l'on y grava cette épitaphe :

(1) On voit que la cause de ce désastre ne fut pas celle qu'on devait prévoir. Elle tenait probablement au mauvais état de la machine fatiguée par les nombreux essais préliminaires et par les tentatives d'ascension qui avaient précédé le départ. On suppose que les aéronautes, se trouvant dans un courant qui les portait vers l'intérieur des terres, voulurent redescendre pour chercher un autre courant. A cet effet, Pilastre aurait tiré la corde destinée à ouvrir la soupape du ballon à hydrogène ; mais comme cette corde était très-longue et difficile à manœuvrer, l'enveloppe elle-même, cédant aux efforts de Pilastre, se serait déchirée sur une étendue telle, que presque tout le gaz se serait échappé à la fois; de là le dégonflement instantané du ballon et la chute rapide de la machine. On ne peut s'empêcher d'observer ici que, quel que fût le vice radical de la combinaison imaginée par Pilastre, il est peut-être à regretter que les voyageurs n'eussent pas allumé le foyer de leur montgolfière; c'eût été du moins une ressource pour ralentir leur descente.

(2) Il n'est pas d'événement, si funeste soit-il, qui ne devienne en France un sujet de plaisanterie. Le marquis de Bièvre, connu pour son esprit, poussait à l'excès cette manie des bons mots si commune en France. On assure que, venant d'apprendre la mort de Pilastre et de Romain, il rencontra un de ses amis, auquel il débita sans préambule ces deux vers de Corneille (tragédie d'*Horace*) :

Rendez grâces aux dieux de n'être pas *Romain*,
Pour conserver encor quelque chose d'humain.

Ci gisent qui des airs franchissant la barrière,
Et planant sur le monde abaissé devant eux,
Du trône le plus glorieux
Précipités dans la poussière,
Offrent de l'homme, au même instant,
Et la grandeur et le néant (1).

Il y a partout des gens qui se plaisent à voir dans certains rapports de temps ou de lieu, dans certaines coïncidences plus ou moins bizarres, des présages sinistres ou favorables. Lorsqu'on apprit le terrible événement que nous venons de rapporter, ces augustes pessimistes ne manquèrent pas de remarquer qu'il était arrivé le jour anniversaire de la première expérience aérostatique faite à Annonay par les frères Montgolfier, et que l'homme qui le premier avait osé s'aventurer dans la nacelle d'un ballon était aussi la première victime de la navigation aérienne; et ils crurent voir dans ces circonstances la condamnation providentielle de cet art, selon eux inutile et funeste. Ils oubliaient qu'aucun progrès moral ou scientifique ne s'accomplit sans recevoir en quelque sorte le baptême du sang, et que parmi les découvertes réputées aujourd'hui à bon droit les plus utiles, on n'en saurait citer une seule qui n'ait pas été signalée à son début par de douloureux accidents.

Heureusement le public fit peu de cas de ces prédictions, et, le premier moment de stupeur passé, il se montra plus avide que jamais de spectacles aéronautiques. Presque au même moment où se répandait la nouvelle de la catastrophe de Boulogne, et comme pour y faire diversion, les journaux anglais apportèrent en France le récit d'une excursion non moins hardie et non moins heureuse que celle de Blanchard et de Jeffries. Un Français, le docteur Potain, avait traversé en ballon le canal Saint-Georges, qui sépare l'Irlande de la Grande-Bretagne. Viennent ensuite les ascensions exécutées par Lunardi à Édimbourg, par Harper à Birmingham,

(1) On lit aussi les vers suivants au bas des portraits de Pilastre:

Pilastre, dont le nom volera d'âge en âge,
Par son audace heureuse étonna l'univers;
A l'amour de la gloire il dut tout son courage,
Qui le fit le premier s'élancer dans les airs.
Sa gloire, hélas! ne fut qu'un rêve,
Dont la fin prouve avec éclat
Que le moment qui nous élève
Touche à celui qui nous abat.

et à Paris par MM. Alban et Valette et par le comte d'Artois lui-même, dans un magnifique ballon qui portait le nom de ce prince. Enfin nous citerons pour mémoire l'échec éprouvé par l'abbé Miolan, Janinet, le marquis d'Arlandes et le mécanicien Bredin. Ceux-ci avaient construit une montgolfière de trente-trois mètres de haut, qu'ils espéraient diriger à l'aide de grandes soupapes par lesquelles l'air raréfié de l'intérieur devait réagir sur l'air ambiant. Le 12 juillet 1784, jour fixé pour l'expérience, une foule nombreuse s'était rassemblée dans le jardin du Luxembourg; mais comme on gonflait l'aérostat, le feu prit à l'enveloppe, qui fut presque entièrement consumée. Cet accident occasionna une sorte d'émeute, et peu s'en fallut que les constructeurs du ballon ne fussent assommés par la populace. L'aventure finit, comme toute chose en France, par des chansons.

Toute la période comprise entre les années 1784 et 1789 est remplie par les nombreuses ascensions de Blanchard et de son émule Testu-Brissy, ascensions qui n'offrent plus aucun intérêt. Puisque nous avons toutefois prononcé le nom de Testu-Brissy, disons qu'il donna le premier le curieux spectacle, souvent renouvelé de nos jours par M. Poitevin, d'une ascension équestre. Seulement, tandis que le cheval de ce dernier est toujours suspendu au filet par des sangles appliquées sous le ventre et laissant les pieds sans point d'appui, le cheval de Testu-Brissy était libre de toute entrave et se tenait debout sur un vaste plateau remplaçant la nacelle.

Le seul progrès réalisé dans l'art aéronautique à la fin du siècle dernier est l'invention du *parachute*.

La résistance que l'air atmosphérique oppose à la chute des corps est en raison inverse de leur masse et en raison directe de leur volume. L'air, constituant d'ailleurs ce qu'on nomme un fluide élastique, tend toujours, lorsqu'il est comprimé, à reprendre sa position première, et il y tend avec une énergie proportionnelle à la pression exercée. Le vol des oiseaux, l'enlèvement des *cerfs-volants*, les spirales que décrit en tombant une feuille de papier sont autant d'applications naturelles ou factices de cette double loi physique. C'est aussi de la résistance et de l'élasticité de l'air qu'on a voulu tirer parti pour construire les machines volantes dont nous avons fait mention au commencement de cette notice, ainsi que pour essayer, comme nous le verrons plus loin, de diriger les ballons. Or, quelque infructueuses qu'aient été ces diverses tentatives au point de vue de la navigation aérienne, elles amenèrent pourtant, dans le même temps où les Montgolfier ouvraient à l'homme, selon l'expression de Charles, la route des cieux, un résutlat qui n'est pas sans intérêt; elles fournirent à l'aérostation un utile auxiliaire : le parachute.

Un physicien de Montpellier, Sébastien Lenormand, ayant lu dans des relations de voyage que les jongleurs indiens pratiquent entre autres exercices celui de se laisser aller d'une assez grande hauteur en ralentissant leur chute au moyen de parasols ouverts, voulut faire lui-même l'expérience de leur procédé. Le 26 novembre 1783, il sauta d'un premier étage dans la rue, tenant dans chaque main un parasol ouvert de quatre-vingts centimètres de diamètre, dont le pavillon était maintenu par des ficelles attachant au manche l'extrémité des baleines; il tomba sur ses pieds sans s'être fait aucun mal. Peu de jours après, sur la demande et en présence de l'abbé Bertholon, professeur de physique à Montpellier, il lança du haut de la tour de l'observatoire de cette ville un grand parasol disposé comme les premiers, et sous lequel était suspendu un panier renfermant quelques animaux; ceux-ci arrivèrent à terre sains et saufs. Lenormand calcula alors les dimensions d'un parasol pouvant ralentir assez la chute d'un homme pour le préserver de tout danger, et il trouva qu'un diamètre de cinq mètres était suffisant, pourvu que le poids total de l'homme et de l'appareil ne dépassât pas cent kilogrammes. Sur ces entrefaites, Étienne de Montgolfier vint à Montpellier. Lenormand s'empressa de lui faire part de sa découverte et renouvela devant lui ses expériences. Montgolfier approuva le nom de *parachute* que l'inventeur avait donné à son instrument, et proposa d'y faire quelques changements de peu d'importance.

Quelque temps après, l'aéronaute Blanchard, qui avait naguère songé à faire entrer dans le gréement de son char volant un engin semblable, donna plusieurs fois au public le spectacle assez curieux d'animaux qu'il suspendait à un parachute, et qu'il détachait de sa nacelle lorsqu'il était arrivé à une certaine élévation; ces animaux toujours étaient retrouvés vivants. Néanmoins, quelque concluants que ces faits dussent paraître, nul ne se souciait de tenter *person-*

nellement l'expérience du parachute, et il ne fallut pas moins que les souffrances d'une longue détention et l'amour de la liberté pour inspirer à des hommes la pensée d'une entreprise aussi hardie.

Deux membres de la Convention, Jacques Garnerin et Drouet (1), envoyés en qualité de commissaires à l'armée du Nord, et faits prisonniers par les Autrichiens, le premier au combat de Marchiennes, le second au blocus de Maubeuge, essayèrent, chacun de son côté, d'employer le parachute comme moyen d'évasion.

Drouet, enfermé dans la forteresse de Spielberg en Moravie, fabriqua un parachute avec les rideaux de son lit, et s'élança pendant la nuit du haut de la tour qui lui servait de prison; il se cassa un pied en tombant, fut repris, et ne recouvra sa liberté qu'un an plus tard, grâce à un échange de prisonniers. Garnerin, détenu à Bude en Hongrie, ne put pousser aussi loin sa tentative : il y gagna du moins de conserver ses membres intacts. Ses gardiens découvrirent les préparatifs auxquels il se livrait, et lui ôtèrent les moyens de les continuer. Il ne fut élargi qu'en 1797. De retour à Paris, comme il était sans fortune, il dut songer à se créer des moyens d'existence. L'exemple de Blanchard l'encouragea à se faire aéronaute, et il consacra sa première ascension à réaliser le projet qu'il avait conçu durant sa captivité, le parachute lui paraissant propre à devenir un instrument de sauvetage pour les navigateurs aériens.

Le premier brumaire an VI (22 octobre 1797), Garnerin s'éleva du parc Monceaux, non sans avoir eu à essuyer pendant les préparatifs de son expérience des accidents et des contre-temps qui en retardèrent de plusieurs heures l'exécution. Un parachute replié sur lui-même, mais tenu entr'ouvert par un cerceau, afin de donner prise à l'air, était suspendu entre la nacelle et le ballon. Arrivé à une hauteur de quatre cents mètres, Garnerin coupa la corde qui attachait au globe le parachute et la nacelle. Le ballon, fortement gonflé, s'éleva et fit explosion presque aussitôt; le parachute s'ouvrit en prenant un mouvement d'oscillation intense qui sembla mettre en danger les jours de l'aéronaute. Ce balancement venait de ce que l'air, comprimé par

(1) Le même qui, étant maître de poste à Sainte-Menehould, avait arrêté la famille royale dans sa fuite à Varennes.

le pavillon, s'échappait brusquement, tantôt d'un côté, tantôt de l'autre; la frayeur fut telle parmi les spectateurs, que l'air retentit de cris perçants et que plusieurs dames s'évanouirent. Cependant Garnerin descendit dans la plaine de Monceaux assez doucement pour n'être point blessé; il monta aussitôt à cheval et revint bride abattue au parc, où il fut comblé des marques de sympathie et de joie de la foule.

Garnerin reconnut aisément la cause des oscillations qui avaient tant ému le public, et qui étaient, en effet, de nature à occasionner les accidents les plus funestes; il apporta en conséquence au parachute une modification indispensable en disposant sur le sommet du pavillon une cheminée d'un mètre environ de hauteur, donnant à l'air comprimé une issue qui, sans accélérer la descente de l'appareil, lui conservât une direction sensiblement verticale. Bien que Garnerin n'eût d'autre mérite que de s'être le premier servi de parachute *coram populo*, et de l'avoir perfectionné, il obtint du gouvernement un brevet d'invention, qui, du reste, ne lui conférait heureusement aucun droit exclusif. Cet appareil devint dès lors le palladium des aéronautes, qui manquent rarement de l'adapter à leurs machines; plusieurs même, pour donner plus d'intérêt au spectacle de leurs excursions, les terminent en abandonnant leur ballon, et en se laissant descendre doucement sous le dôme de leur parachute.

La forme de calotte sphérique et les dispositions données par Garnerin à son appareil sont les seules conformes non-seulement aux lois de la statique, mais encore à celles du simple bon sens. Il s'est pourtant trouvé un homme assez fou pour les vouloir modifier, et de quelle façon, juste Ciel! Le malheureux, du reste, a payé cher son ignorance et sa folie. C'était un Anglais nommé Cocking, grand amateur d'aérostation et tourmenté de la manie d'innover. Il eut la déplorable idée de *renverser* le parachute, d'en présenter à l'air la surface convexe au lieu de la surface concave : c'était renverser en même temps les notions les plus élémentaires de la gravitation; c'était, dit avec raison M. Dupuis-Delcourt, « se suspendre à une sorte de vis aérienne, de tarière, qui, au lieu de ralentir la descente du corps, devait en accélérer la chute. Mais M. Cocking doutait si peu de l'excellence de son système, qu'il voulut en faire lui-même l'expérience. Pour comble de malheur, il trouva un fauteur, un complice de son aberration dans son compatriote M. Green, aéronaute célèbre, que la prudence et l'humanité auraient dû, à défaut de savoir, détourner d'une si fatale complaisance. L'ascension se fit au Vauxhall de Londres, le 27 septembre 1836. M. Green avait attaché au-dessous de sa nacelle M. Cocking et son appareil; parvenu à une hauteur de mille à douze cents mètres, il coupa la corde. L'infortuné Cocking fut précipité avec une vitesse qu'un témoin oculaire n'a pas évaluée à moins de vingt mètres par seconde. En une minute et demie il atteignit le sol. On le releva mort.

VI

Naufrages aérostatiques : Zambeccari, — Olivari, — Mesment, — Bittorf, — Mme Blanchard, — Harris, — Sadler, — Gale, — Emma Verdier.

L'invention du parachute est le dernier progrès accompli jusqu'ici dans l'aérostation; et cet art fameux, dont l'apparition avait excité un si vif enthousiasme et fait naître de si magnifiques espérances, cet art que, dans le principe, on put croire appelé à de si sublimes destinées, est maintenant, on le dirait, en pleine décadence. Étudiée et pratiquée d'abord avec une généreuse ardeur par des hommes qu'animait seul le pur amour de la science, la navigation aérienne ne tarda pas à devenir presque exclusivement un objet de puérile curiosité pour les uns, et de spéculation mercantile pour les autres. Nous l'avons vue, il est vrai, se relever un instant pendant les guerres de la révolution et prêter aux armées françaises un utile concours; nous la verrons encore appliquée par des savants courageux à l'observation des phénomènes météorologiques; nous verrons enfin quelques *chercheurs*, moins heureux que dévoués, s'ingénier, au péril de leur fortune ou de leur vie, à la doter d'un moyen de direction; mais, malgré ces louables efforts, elle n'est plus depuis longtemps qu'un élément ajouté aux divertissements publics, où elle commença de figurer dès 1795 au même titre et avec le même succès que les feux d'artifice et les mâts de cocagne; elle est, ou peu s'en faut, mise au rang de tant d'autres métiers exercés, sous la surveillance de l'autorité, par des industriels vulgaires, et quelquefois par des charlatans.

Aux Montgolfier, aux Pilastre du Rozier, aux Guyton de Morveau, à ces vaillants éclaireurs qui se flattaient de frayer la route vers un monde nouveau, ont succédé des gens qui se font aéronautes comme ils se feraient dompteurs de bêtes ou danseurs de corde, et qui, selon l'expression un peu triviale, mais vraie, de leur confrère Robertson, « ne font pas plus avancer l'aérostation par leurs ascensions qu'un Savoyard ne fait avancer l'optique en montrant la lanterne magique. » L'atmosphère est pour eux un théâtre où viennent briller tour à tour, après Blanchard et Testu-Brissy, Garnerin, qui, depuis 1797 jusqu'en 1804, fut exclusivement chargé par le gouvernement de pourvoir à la partie aérostatique des fêtes nationales, et qui fit, il faut le dire, quelques belles excursions; Élisa Garnerin, sa nièce; Mme Blanchard, qui périt victime de son industrie; Robertson, qui se livra à quelques observations scientifiques; Margeat, Green père et fils, et de nos jours enfin MM. Godard, Poitevin, etc.

Mais ce théâtre est un océan non moins perfide, non moins sujet aux tempêtes que l'Océan proprement dit, et déjà les annales de la navigation aérienne ont eu à enregistrer plusieurs naufrages. Nous allons jeter un coup d'œil sur cette liste funèbre.

Le premier nom qui s'offre à nos regards est celui du comte bolonais Zambeccari. Celui-là du moins a droit à nos respects, et mérite par son dévouement héroïque au progrès des sciences, non moins que par sa témérité indomptable et par sa fin tragique, de trouver place, auprès de Pilastre et de Romain, parmi ceux qu'on peut justement appeler les martyrs de l'aérostation.

Zambeccari avait d'abord servi dans la marine espagnole. Fait prisonnier par les Turcs en 1787, il avait langui jusqu'en 1790 au bagne de Constantinople. Ce fut là que, durant ces trois années de captivité, il s'occupa à méditer sur l'aérostation et à en former une théorie que, devenu libre, il fit imprimer et mit en pratique à Londres pour la première fois. Son système, assez semblable à celui de Pilastre du Rosier, consistait à chauffer (indirectement sans doute) le gaz contenu dans le ballon au moyen d'une lampe à alcool à vingt-quatre becs, de sorte qu'en éteignant ou en rallumant une partie de ces becs, on pût descendre ou monter à volonté, sans qu'il fût besoin de s'encombrer de paille et de s'astreindre à une manœuvre difficile et fatigante. De retour en Italie, il soumit son projet à trois professeurs de physique, ses compatriotes, Saladini, Canterzani et Avanzini, qui en firent à l'Académie des sciences de Bologne un rapport favorable, et obtinrent de leur gouvernement qu'une somme de huit mille francs fût allouée à Zambeccari pour ses expériences. Zambeccari confectionna alors une machine telle qu'il l'avait conçue, et fixa son ascension au 4 septembre 1791. Mais la négligence ou l'impéritie de ceux qu'il avait chargés des préparatifs l'obligea d'abord à la remettre au lendemain et à demander au gouvernement une nouvelle somme de trois mille francs, qui lui fut seulement prêtée sur la garantie de ses revenus, et dont la restitution fut rigoureusement exigée de sa famille. Puis le vent et la pluie rendirent nécessaires de nouveaux ajournements du 4 au 5 et du 5 au 6. Le 7, le temps se montra plus favorable; mais Zambeccari, abandonné par la plupart de ceux sur le concours desquels il avait compté, et mal secondé par les autres, ne put partir qu'à minuit, exténué de fatigue et de faim, et peu rassuré sur sa machine, que des manœuvres maladroites avaient mise en mauvais état. Deux de ses amis, nommés l'un Andreoli, l'autre Grassetti, avaient eu néanmoins le courage de monter avec lui dans la nacelle. Il voulut d'abord se tenir à l'ancre au-dessus de son point de départ, pour attendre le jour; mais voyant que l'aérostat descendait, sans doute par suite de déchirures mal raccommodées qui laissaient échapper le gaz, il prit le parti de le laisser aller, s'attendant à le voir s'abattre à peu de distance de Bologne. Il n'en fut rien pourtant : à peine mis en liberté, le ballon s'éleva avec une incroyable vitesse, et un vent du sud-ouest l'emporta violemment. La lampe à alcool devenait inutile : on s'en débarrassa; l'obscurité rendait toute observation barométrique impossible; le froid était insupportable, et Zambeccari, épuisé par la fatigue et l'inanition, tomba dans un engourdissement léthargique, et il en arriva autant à Grassetti. Andreoli seul, grâce sans doute au repas copieux qu'il avait fait et à la grande quantité de rhum qu'il avait bue avant de s'embarquer, eut la force de résister et demeura sur pied, quoique souffrant beaucoup du froid.

La machine avait repris une marche descendante à travers les nuages épais : tout à coup Andreoli entendit un bruit sourd, qu'il reconnut avec terreur pour le mugissement des vagues de la mer. Il secoua alors vigoureusement ses compagnons, et parvint non sans peine à les réveiller. Il était trois heures du matin; les voyageurs allumèrent leur lanterne pour examiner le baromètre; mais au même instant ils reconnurent qu'ils n'étaient plus qu'à quelques mètres au-dessus de la mer; et comme Zambeccari saisissait un gros sac de lest pour alléger la machine, ils se trouvèrent les jambes dans l'eau. Ils jetèrent alors tous les objets qui ne leur parurent pas être d'une indispensable nécessité, argent, vêtements, agrès, instruments de physique et jusqu'à leur lampe. Le ballon, ainsi allégé, se releva tout à coup, monta rapidement, et à une hauteur telle que les aéronautes ne pouvaient plus s'entendre même en criant, que Zambeccari fut pris d'étourdissements et de nausées, Grassetti d'un saignement de nez abondant, et que les vêtements mouillés des trois compagnons se couvrirent d'une couche de glace. La lune, qui était dans son dernier quartier, se trouva en ligne parallèle avec eux et leur parut rouge comme du sang. Ils restèrent une demi-heure dans ces funèbres régions, après quoi ils redescendirent et retombèrent une seconde fois dans la mer. Il était environ quatre heures du matin : la nuit était trop noire encore, la mer trop houleuse et leurs esprits trop abattus pour qu'ils pussent se rendre compte de la distance qui les séparait de la côte; toutefois Zambeccari conjectura qu'ils devaient être au milieu de la mer Adriatique, dans la direction de Rimini. Le ballon, dégonflé de plus de moitié, faisait voile au vent, et les malheureux voyageurs furent traînés et ballottés pendant plusieurs heures, tantôt plongés dans l'eau jusqu'à la ceinture, tantôt entièrement couverts par les lames. Quand le jour leur permit de s'orienter, ils se trouvèrent vis-à-vis de Pezaro, à environ six kilomètres de la côte. Déjà l'espoir renaissait dans leur âme et ils se flattaient d'aborder bientôt près de cette ville, lorsqu'un vent violent de terre les repoussa au large; bientôt ils ne virent plus autour d'eux que le ciel et l'eau; ils apercevaient bien de temps à autre quelques bâtiments : mais ceux-ci, effrayés à l'aspect de cet objet bizarre qu'ils voyaient nager sur les flots et dont ils étaient bien loin de soupçonner la nature, faisaient force de voiles pour s'en éloigner. Enfin, pourtant, un navigateur plus courageux ou plus instruit que les autres s'approcha, reconnut la machine flottante pour un ballon, et détacha la chaloupe. Les matelots lancèrent aux naufragés une corde, que ceux-ci amarrèrent à leur galerie, et au moyen de laquelle ils furent hissés jusqu'à l'embarcation. Le ballon, allégé du poids de son équipage, se releva; les marins voulaient le ramener à bord; mais ils ne purent le retenir, et furent obligés de le lâcher : il disparut bientôt dans les nuages. Les aéronautes, surtout Zambeccari et Grassetti, étaient dans le plus déplorable état; ces deux derniers avaient les mains mutilées et respiraient à peine. Le commandant du navire leur prodigua tous les soins imaginables et les conduisit au port de Ferrada, d'où ils furent transportés à Pola. Zambeccari dut subir l'amputation de trois doigts.

Une si funeste expérience aurait dû le guérir à tout jamais de sa manie aéronautique; mais il était de ces hommes à idée fixe, que le succès ou la mort peuvent seuls arrêter dans leur carrière. A peine guéri de ses blessures, Zambeccari voulut recommencer ses expériences; — pourtant il était époux et père!... Ne possédant presque plus rien, et ne pouvant plus obtenir de son gouvernement aucune subvention, il fit faire des démarches auprès du roi de Prusse, qui, malheureusement, lui accorda les moyens de reprendre ses funestes tentatives. Le 21 septembre 1812, Zambeccari fit à Bologne une dernière ascension : son ballon prit feu dès le départ, et lui-même retomba à terre à demi consumé.

Dix ans auparavant, un accident analogue était arrivé à Orléans. Le 26 novembre 1802, une montgolfière en papier, montée par un nommé Olivari, était devenue la proie des flammes, et l'aéronaute s'était tué en tombant d'une hauteur considérable.

Le 7 avril 1806, un certain Mosment, ayant eu l'imprudence de s'enlever sur une nacelle étroite et plate, se laissa tomber en lançant dans l'espace un parachute avec un animal. On retrouva son corps enfoncé dans le sable des fossés qui entourent la ville de Lille, où avait eu lieu l'ascension.

L'Allemand Bittorf, après une carrière aérostatique assez heureuse, périt à Manheim, le 17 juillet 1812, par une circonstance exactement semblable à celle qui avait causé la mort d'Olivari : la montgolfière dont il se servait prit feu à une grande élévation, il se tua en tombant.

L'année 1819 vit s'accomplir une des catastrophes aérostatiques qui ont causé le plus de sensation en Europe : nous voulons parler de la mort de Mme Blanchard.

Blanchard, ainsi que nous l'avons vu plus haut, après avoir gagné dans ses ascensions une fortune colossale, était mort très-pauvre, ne laissant à sa veuve, selon sa propre et cynique expression, « d'autre ressource que de se noyer ou de se pendre. » Mais celle-ci ne fit ni l'un ni l'autre : pensant que l'industrie qui avait été si lucrative pour son mari pourrait bien la faire vivre elle aussi, elle se fit aéronaute, et exécuta avec succès et profit un grand nombre d'ascensions. Une fois pourtant, à Turin, elle eut fort à souffrir d'un froid si intense, que des glaçons se formaient sur son visage et sur ses mains. Une autre fois, en 1817, étant partie de Nantes, elle alla tomber dans un marais où elle faillit se noyer; mais, douée d'une énergie au-dessus de son sexe, et familiarisée avec les dangers de sa profession, elle n'en continua pas moins de se livrer à des exercices où elle trouvait honneur et bénéfice.

Mme Blanchard était fort aimée du public; elle avait hérité de toute la vogue dont avaient joui ses devanciers, Blanchard, Testu-Brissy, Garnerin. Aux verres de couleur dont ce dernier avait coutume d'orner sa nacelle, elle avait substitué une couronne d'artifice qui s'allumait à une certaine hauteur et inondait l'atmosphère d'une pluie lumineuse et bigarrée. Un soir elle voulut faire mieux encore. C'était le 6 juillet 1819. Il y avait grande fête et foule joyeuse au jardin de Tivoli. Après un magnifique feu d'artifice, Mme Blanchard devait couronner la soirée par une ascension embellie de flammes de Bengale et d'autres divertissements pyrotechniques. Elle s'éleva en effet. Outre la couronne suspendue au-dessous de sa nacelle, elle avait, pour surprendre le public par un spectacle nouveau, emporté avec elle un petit parachute de six mètres de tour, lesté par une pièce d'artifice que terminait une *bombe à pluie d'argent*. Lorsque la couronne fut éteinte, elle lança son appareil, et saisit, pour y mettre le feu, une mèche qu'elle avait placée tout allumée dans un coin de son char. Par malheur, le ballon, trop gonflé, perdait en ce moment un excès de gaz, qui fusait par l'appendice. Mme Blanchard fit passer, sans y prendre garde, sa mèche dans ce courant, et l'hydrogène prit feu aussitôt. La masse des spectateurs, voyant un jet de flamme illuminer le ciel, crut à un supplément de feu d'artifice, battit des mains et cria bravo. Mais, tandis que Mme Blanchard s'efforçait d'intercepter la flamme en comprimant l'appendice, l'ignition s'était, on ne sait comment, propagée extérieurement de bas en haut, et un énorme jet de gaz en combustion s'échappait par une ouverture qui s'était faite à la partie supérieure du ballon. Cependant la machine descendait avec assez de lenteur pour que l'aéronaute pût toucher le sol sans accident; un certain nombre de spectateurs et les employés de Tivoli, comprenant que ce qui se passait n'était pas normal, avaient couru dans la direction que suivait le ballon, afin de porter secours à l'aéronaute si besoin était. Tout paraissait donc concourir à un dénoûment relativement heureux, lorsque, par une déplorable fatalité, le vent, qui jusqu'alors avait soufflé de l'est, vira au nord-ouest, et, au lieu de porter l'aérostat dans la plaine de Monceaux, où il se fût abattu à terre, le ramena sur Paris, et le poussa contre le toit de la maison faisant le coin des rues de Provence et Chauchat. « A moi! » cria Mme Blanchard. La nacelle glissa sous le toit et s'arrêta brusquement à un crampon de fer. Cette secousse inattendue précipita la malheureuse femme sur le pavé, où elle se brisa la tête. Mme Blanchard n'était âgée que de quarante et un ans.

L'Angleterre a aussi fourni à l'aérostation son contingent de victimes. Nous avons déjà raconté comment périt Cocking dans son imprudente tentative pour réformer le parachute. Avant lui, MM. Harris et Sadler, et après lui le lieutenant Gale trouvèrent la mort dans des excursions où pourtant ils s'étaient tenus dans les limites tracées par la prudence et par les règles de l'art.

Le premier, ancien officier de marine, après avoir exécuté avec M. Graham plusieurs ascensions, voulut construire et diriger lui-même un ballon. Sa première et dernière expérience en ce genre eut lieu à Londres au mois de mai 1824. Il s'éleva à une grande hauteur, puis ouvrit la soupape afin de redescendre; mais quand il voulut la refermer pour s'arrêter, elle cessa d'obéir, et comme l'ouverture était d'une grande dimension, la déperdition rapide du gaz changea la descente en une véritable chute. Le choc qu'éprouva la nacelle en touchant le sol fut si violent, qu'Harris ne se releva plus. Cependant une dame qui l'accompagnait en fut quitte pour des contusions assez légères.

Salder s'était rendu célèbre dans son art par de nombreux voyages aériens; il avait même une fois, à l'exemple du docteur Potin, franchi le canal Saint-Georges de Dublin à Holyhead. Le 20 septembre 1824, il fit, près de Bolton, sa dernière expérience. Ayant, pendant une excursion prolongée, épuisé tout son lest, et redescendant le soir par un vent violent, il fut jeté contre des cheminées qu'il n'avait pas vues ou qu'il n'avait pu éviter, et précipité hors de sa nacelle sur le pavé.

Georges Gale, après avoir servi dans la marine anglaise, s'était associé avec un aéronaute de ses compatriotes, M. Clifford, qui possédait un magnifique ballon, et tous deux parcouraient la France, donnant des représentations aérostatiques où ils déployaient une adresse remarquable. Gale a exécuté à Paris, comme M. Poitevin, des ascensions équestres, exercice audacieux qui provoque toujours l'étonnement du public. Ce fut à la suite d'une ascension semblable qu'il perdit la vie le 9 septembre 1850, près de Bordeaux, d'où il était parti. Après un séjour d'une heure dans l'atmosphère, il redescendit sur le territoire de Cestas; des paysans saisirent les cordes du ballon et détachèrent le cheval; Gale resta dans sa nacelle, indiquant tant bien que mal aux paysans, par ses gestes et par des phrases à peu près inintelligibles pour eux (il ne savait pas le français) les manœuvres à exécuter. Sur une indication interprétée au rebours, ces hommes lâchèrent les câbles; l'aérostat, qui venait d'acquérir par la descente du cheval plus de cent cinquante kilogrammes de légèreté spécifique, s'éleva avec une effrayante rapidité. Gale fut d'abord renversé par le choc dans sa nacelle; puis on le vit, à une grande hauteur, immobile et le corps penché par-dessus le bord. Le soir à onze heures, le ballon vint s'abattre à demi gonflé, mais dans un état de parfaite conservation, au milieu d'une lande située non loin du lieu appelé la Croix-d'Hinx. Quant à Gale, on ne retrouva de lui qu'un cadavre mutilé; ce fut un pâtre qui le découvrit le lendemain matin, à deux kilomètres plus loin, dans un massif de bruyères.

Le 19 juillet 1853, une jeune fille de vingt et un ans, Emma Verdier, périt à Montesquiou (Gers). Elle s'était élevée de Mont-de-Marsan, le matin, dans une montgolfière appartenant à M. Lartet, que la *Société des fêtes* de la ville avait chargé de procurer à la population le spectacle d'une ascension. Comment M. Lartet, au lieu de se placer lui-même dans l'aérostat, livra-t-il cette jeune fille aux hasards d'une si périlleuse entreprise, c'est ce que les journaux ne nous ont point appris; mais il y a lieu de croire qu'Emma Verdier fut victime de cet impitoyable esprit de spéculation qui rend tant de gens aveugles ou insensibles, et leur fait risquer froidement leurs jours ou ceux de leurs semblables pour *contenter* un public égoïste et toujours avide d'émotions nouvelles. Quoi qu'il en soit, voici comment, selon les renseignements les plus vraisemblables, l'accident arriva. Après une courte traversée, la jeune fille voulut s'arrêter; l'ancre, jetée sans doute mal à propos et d'une main inhabile, s'accrocha à la cime d'un chêne assez élevé. La force de propulsion du ballon n'étant point encore amortie, la corde se rompit, et il en résulta une secousse violente qui rejeta l'aéronaute hors de sa nacelle. On la retrouva couchée sur le côté, les bras rompus et la tête écrasée.

Nous avons eu déjà occasion de signaler les dangers qu'entraîne l'emploi des montgolfières. Quelques aéronautes les préfèrent encore cependant aux ballons à hydrogène, dont les frais s'élèvent à mille à douze cents francs, tandis qu'une dépense d'une vingtaine de francs suffit à fournir de quoi gonfler une montgolfière. A la vérité, l'emploi de ces dernières machines est abandonné jusqu'à un certain point dans la plupart des États civilisés; c'est-à-dire qu'on évite en général d'enlever ce ballon *avec du feu;* mais les aéronautes dont nous parlons, qui ne tiennent pas à faire de longues courses, éludent la difficulté en retirant le réchaud dès que l'aérostat est gonflé; ils s'enlèvent ainsi sans feu; mais s'ils écartent de la sorte le danger de l'incendie, ils en courent d'autres non moins grands, étant forcés de descendre bon gré mal gré là où leur ballon les veut déposer. Nous venons d'en voir un triste exemple. Nous citerons encore les trois accidents essuyés à peu d'intervalle l'un de l'autre par un aéronaute très-connu, M. Eugène Godard, qui, heureusement pour lui, en fut quitte, la première fois, à Lille, pour une secousse un peu rude qu'il éprouva en tombant sur un toit; la seconde, à Boulogne, pour un bain de mer; la troisième, à Paris, pour une immersion dans la Seine, où il faillit se noyer.

C'est, je crois, le même M. Eugène Godard — car il y a plusieurs Godard, tous aéronautes — qui, en 1864, construisit une immense montgolfière chauffée non plus avec de la paille dans une grille ouverte, mais avec du bois ou du charbon dans un appareil fermé. Ce système permet d'entretenir le feu sans danger pendant le voyage. La montgolfière de M. Godard fut mise en chantier après le naufrage du fameux *Géant* de M. Nadar (naufrage que je vais conter ci-après). Ce ballon pouvait enlever dans sa galerie circulaire plusieurs passagers. On le nomma l'*Aigle*. Il fut rapidement construit et exposé pendant plusieurs semaines — moyennant rétribution, s'entend — à la curiosité du public. Mais l'ascension ayant été plusieurs fois ajournée, à cause de l'incertitude du temps, disait M. Godard, le public perdit patience. Un dimanche, il y eut une sorte d'émeute. Peu s'en fallut qu'on ne fît un mauvais parti à M. Godard et à sa trop prudente montgolfière. L'aéronaute se décida enfin à partir, et, le jeudi 12 mai, vers six heures du soir, l'énorme aérostat s'éleva d'un des terrains alors non bâtis qui avoisinent le parc Monceaux, franchit la partie sud-ouest de Paris et alla descendre doucement, entre Clamart et le Plessis-Piquet, à sept heures cinquante minutes.

Revenons aux naufrages aérostatiques. Et d'abord une question quelque peu embarrassante se présente : Qu'est-ce qu'un naufrage? Lorsqu'il s'agit d'un navire, l'étymologie du mot en dit assez. Il y a naufrage lorsque le bâtiment se brise (*frangere*) ou, par extension, lorsqu'il s'ouvre et coule bas par un accident quelconque. Par analogie, il y aurait naufrage aérostatique toutes les fois que le ballon éclate, se déchire, qu'il vient tomber sur le sol assez violemment pour que sa nacelle soit mise en pièces; auquel cas les aéronautes risquent fort d'être tués ou grièvement blessés. Or les voyages aériens s'étant depuis quelques années multipliés au point qu'on a cessé de les compter, il est arrivé maintes fois que l'ascension a été suivie d'une descente plus ou moins brusque, plus ou moins dangereuse, ou par un *traînage* désordonné, qui a causé à la nacelle et à ceux qui la montaient des avaries sérieuses. A ce point de vue, il faudrait un volume pour enregistrer et décrire tous ces naufrages, dont la plupart, heureusement, n'ont pas eu, comme ceux que j'ai racontés jusqu'ici, un dénoûment tragique. D'autre part, depuis la malheureuse Emma Verdier, les seuls noms nouveaux qui soient venus s'ajouter à la nécrologie aérostatique se rattachent aux lamentables épisodes de l'invasion allemande et de la défense de Paris en 1870 et 1871. C'est donc lorsque nous parlerons de l'emploi des ballons à la guerre qu'il conviendra de les mentionner. Pour le moment, si nous voulions ne tenir registre que des accidents ayant entraîné mort d'homme, il faudrait clore ce chapitre et passer sous silence des aventures qui n'ont pas laissé de faire quelque bruit, et qui peuvent bien passer pour de vrais naufrages. Les aéronautes, il est vrai, n'y ont pas laissé leur vie, mais peu s'en est fallu, et pour s'en être tirés saufs, sinon tout à fait sains, ils n'en ont pas moins droit au titre de naufragés. Comment, par exemple, ne pas parler de la fameuse catastrophe du *Géant?*

Le *Géant* — son nom le dit assez — était un ballon d'une grandeur inusitée, *inusitatæ magnitudinis*. Il jaugeait, je crois, six mille mètres cubes... Mais il faut commencer ce récit par le commencement.

C'était en l'an de grâce 1863. Les ballons avaient beaucoup perdu de leur ancienne popularité. On avait épuisé les ascensions nocturnes avec feu d'artifice, les ascensions équestres et celles où la nacelle était remplacée par un trapèze sur lequel un gymnaste inaccessible au vertige exécutait des évolutions à deux ou trois cents mètres au-dessus du niveau de la Seine. Le public était blasé sur ce genre d'exhibitions, et n'en demandait plus. A peine daignait-il lever les yeux lorsque, de loin en loin, il voyait flotter entre les nuages quelque ballon qui s'était enlevé sans tambour ni trompette, et que montaient de modestes physiciens en quête d'observations météorologiques. Quant aux ballons dirigeables, on en avait tant vu qui, loin de se diriger, ne réussissaient pas même à s'enlever ou à se soutenir en l'air, qu'on n'y croyait plus, et l'on n'eût accueilli qu'avec défiance et dédain des expériences du genre de celles qui, au temps des illusions premières, avaient fait espérer tant de fois, sans la réaliser jamais, la solution du grand problème aéronautique. Ce sentiment médiocrement bienveillant fut celui qu'on éprouva généralement lorsqu'on vit un mille et unième système de navigation aérienne se produire sous les auspices de noms bien connus dans le monde artistique et littéraire, mais absolument étrangers au monde scientifique. La nouvelle théorie — car ce n'était encore qu'une théorie — s'appelait l'*aviation*, et annonçait *la conquête de l'air par l'hélice*. Elle avait pour parrains MM. G. de la Landelle, Nadar et Ponton d'Amécourt. M. de la Landelle était un ancien marin qui s'était fait romancier. M. Nadar, de son vrai nom Félix Tournachon, avait aussi écrit des romans et des articles de journaux; il avait crayonné des caricatures; enfin il avait monté, d'abord dans la rue Saint-Lazare, puis sur le boulevard des Capucines, un atelier de photographie. Quant à M. Ponton d'Amécourt, je ne saurais dire dans quelle carrière il s'était distingué. Il convient d'ajouter que ces trois messieurs avaient obtenu pour leur système le patronage d'un savant très-célèbre, mais un peu discrédité déjà malgré tout son esprit, — ou peut-être à cause de son esprit : — Babinet. Le chef et l'homme d'action de la nouvelle école, c'était M. Nadar, qui se lança dans l'entreprise avec l'entrain et l'activité d'un homme bien convaincu qu'il avait la vérité dans sa poche. Mais on ne fait rien sans argent : il en fallait pour assurer le triomphe de l'hélice et du *plus lourd que l'air*. Il fallait aussi frapper vivement les imaginations et mettre les esprits en éveil. Dans ce double but, M. Nadar n'hésita pas à sacrifier d'abord une somme considérable, qu'il espérait bien recupérer en la doublant ou en la triplant. Cette somme — on a parlé, s'il vous plaît, de 100,000 francs — fut employée à la construction d'un ballon de dimensions prodigieuses, que M. Nadar appela le *Géant*. Des avis insérés dans les journaux, de larges affiches apposées sur les murs de Paris annoncèrent que, le dimanche 4 octobre, le *Géant* partirait du Champ-de-Mars, emportant, pour un voyage de long cours, non pas une nacelle, mais une véritable maison garnie de meubles, de provisions, d'armes, etc., et pouvant loger une vingtaine de personnes. Un règlement draconien fixait les conditions de l'embarquement, les devoirs et les droits des passagers, de l'équipage et du « capitaine. »

Au jour dit, l'ascension eut lieu avec une solennité imposante, au milieu d'un concours immense de curieux.

Treize personnes, parmi lesquelles se trouvait une jeune dame de haut rang, s'étaient enrôlées sous les ordres du « capitaine Nadar. » Les conditions du programme furent remplies exactement, sauf pourtant en un seul point : celui qui concernait la durée du voyage. Un léger accident obligea M. Nadar à opérer sa descente près de Meaux; ce qu'il fit sans dommage pour lui, pour ses compagnons et pour sa machine. Cela ne faisait pas le compte du public, auquel on avait pompeusement annoncé un voyage lointain, et qui fut quelque peu désappointé d'apprendre que le *Géant* avait repris terre à quelques kilomètres de son point de départ. Et puis on ne trouvait pas non plus que le *Géant* justifiât suffisamment son nom. « Ce n'est que cela! » avaient dit les spectacteurs malveillants en considérant ce globe gros comme le dôme du Panthéon. Ils l'eussent voulu sans doute aussi gros que le Panthéon tout entier. M. Nadar annonça un second voyage et promit que, cette fois, il irait loin. En effet, le 20 octobre, la seconde représentation eut lieu avec la même ponctualité et la même solennité que la première. Il y eut même une addition importante. Afin qu'on ne l'accusât plus de prêter à son aérostat des dimensions plus grandes que nature, M. Nadar avait préparé une double ascension. A côté du *Géant* se balançait dans le Champ de Mars un ballon de taille ordinaire, monté par M. Eugène Godard. Les deux aéronautes partirent ensemble et voguèrent de concert jusqu'au delà des murs de Paris, afin que les plus sceptiques fussent obligés de reconnaître l'incomparable supériorité de volume du premier.

Cette preuve faite, M. E. Godard descendit, tandis que le *Géant* continuait majestueusement sa route. Il portait, dans sa maison d'osier, M. et Mme Nadar et sept autres personnes : MM. Fernand de Montgolfier, Yon, Saint-Félix, Thirion, Eugène d'Arnoult, Jules et Louis Godard. Tout alla bien d'abord. Le ballon avait traversé la France dans la direction du sud-ouest au nord-est, et à neuf heures du soir il franchissait la frontière belge. Mais, pendant la nuit, des courants croisés le firent changer plusieurs fois de direction. Vers le matin, les voyageurs entrevirent avec effroi au-dessous d'eux une plaine immense et mouvante d'où sortait un grondement sourd. C'était la mer! Ils jetèrent du lest et remontèrent. Un autre courant, par bonheur, les ramena sur le continent. A neuf heures du matin ils descendirent et jetèrent leurs ancres. Mais la violence du vent fit rompre les cordages, et le ballon fut emporté avec une rapidité vertigineuse. Il eût fallu remonter, mais le lest manquait, ou abattre tout à fait l'aérostat, mais la corde de la soupape était prise dans les mailles du filet.

« Nous nous élevions, a écrit M. Eugène d'Arnoult, à vingt et trente mètres, pour retomber ensuite avec une force inouie. Peu à peu le ballon cessa de s'élever et la nacelle tomba sur le côté. Alors commença une course échevelée, furieuse; tout disparaissait devant nous : arbres, buissons, barrières tombaient brisés par notre choc. C'était effrayant!... Une voie ferrée est devant nous... Un train passait, nos cris l'arrêtèrent; mais nous enlevâmes les fils et les poteaux du télégraphe. Un instant après, nous aperçûmes au loin une maison rouge; je la vois encore. Le vent nous poussait droit à cette maison. Pour tous c'était la mort, nous devions nous y briser... Jules Godard essaya et accomplit alors un acte d'héroïsme sublime : il grimpa dans les cordages, dont les secousses étaient si terribles que trois fois il me tomba sur la tête; enfin il put arriver à la corde de la soupape, ouvrir celle-ci, et, le gaz ayant une issue, le ballon commença à ne plus s'élever, mais il filait toujours avec une rapidité vertigineuse. »

Enfin une forêt se présente. Nul moyen de l'éviter. Nacelle et passagers y seront infailliblement broyés. A tout risque, il faut sauter. C'est ce que firent les voyageurs. Par miracle aucun ne se tua, mais tous furent plus ou moins grièvement blessés. Mme Nadar, tombée sous la nacelle, faillit être écrasée; Nadar eut une jambe fracturée; un autre se rompit le bras. Tous avaient de fortes contusions et d'affreuses écorchures. La chute avait eu lieu près de Nienbourg, en Hanovre. Les habitants vinrent au secours des naufragés, qui furent transportés à Hanovre. Là, les soins ne leur manquèrent pas, et ils reçurent du ministre de France, des autorités du pays, du roi et de la reine eux-mêmes les marques les plus vives d'intérêt et de sympathie.

Cette fois, le public dut être satisfait : il eut de quoi s'occuper pendant quinze jours.

Le *Géant* n'était pas mort. Il exécuta encore, en province, à Paris, en Hollande, quelques ascensions qu'il serait sans intérêt de raconter. Que reste-t-il aujourd'hui de cet énorme ballon et de sa maisonnette d'osier? Rien, sans doute, que le souvenir affaibli de son naufrage en Hanovre et de la théorie de navigation aérienne au triomphe de laquelle il devait contribuer.

Ce n'est pas ici le lieu de nous arrêter à cette théorie, que nous ferons connaître en examinant les diverses solutions proposées ou essayées du grand problème de la direction des aérostats. Le temps et des événements d'une gravité exceptionnelle avaient déjà fait oublier la « catastrophe du *Géant,* » lorsqu'au mois de septembre 1874, l'attention du public fut de nouveau fort excitée par une aventure plus dramatique peut-être et, à coup sûr, plus insolite que celle de M. Nadar et de ses huit compagnons. Les deux héros de cette aventure — héros est ici le mot propre, car ils firent preuve d'une témérité digne d'un but plus sérieux et plus utile — étaient un aéronaute de profession, M. Duruof, et sa jeune femme. M. Duruof, — dont le nom vrai, mais trop vulgaire sans doute au gré de son titulaire, était tout simplement Dufour, — s'était fait des ascensions maritimes une spécialité; et aussi avait-il donné le dieu des mers pour parrain à son aérostat. La chance, le vent, et aussi, sans doute, son habileté et son sang-froid l'avaient déjà tiré de quelques situations assez périlleuses. Le 16 août 1868, il avait exécuté, en compagnie de M. Gaston Tissandier, dont le nom se retrouvera sur notre plume quand nous parlerons des ascensions scientifiques, et qui faisait alors ses « premières armes aériennes, » une promenade singulièrement hardie au-dessus de la Manche et de la mer du Nord. Cette promenade était déjà une revanche, car on racontait, à Calais, que M. Duruof avait précédemment tenté ou feint de tenter une ascension semblable, et qu'au dernier moment il avait crevé son ballon tout exprès pour se dispenser de partir. Aussi, en se voyant emporté au large sans autre chance de salut que la rencontre d'un courant contraire qui ramenât le ballon vers le continent — ce qui eut lieu, fort heureusement — disait-il à son compagnon avec une sorte de satisfaction amère :

« — Advienne que pourra : les Calaisiens, du moins, ne diront plus que je suis un lâche. »

Un an après, le 26 septembre 1869, le *Neptune* s'élevait de la ville ducale de Monaco, emportant dans sa nacelle

M. Duruof, M. Bertaux et un ouvrier mineur. Après avoir erré quelque temps parmi les nuages au-dessus des montagnes, le ballon fut entraîné vers la Méditerranée, où Duruof se laissa tomber rapidement. Par bonheur, le vent, au ras des flots, soufflait du large vers la côte; et celle-ci était assez rapprochée pour que les aéronautes, devenus navigateurs et poussés par l'aérostat dégonflé comme par une grande voile, aient pu y aborder sans autre accident. Revenu à Calais en 1874, M. Duruof pouvait croire qu'il y trouverait un accueil bienveillant, et qu'au moins son courage n'y serait pas mis en doute. Nouvellement marié, il avait avec lui sa jeune femme, qui devait l'accompagner dans son ascension. Cette fois encore, le mauvais temps parut rendre l'ascension si évidemment dangereuse, que le maire de la ville s'opposa d'abord à ce qu'elle eût lieu. Il se trouva, comme précédemment, dans la population calaisienne, des gens qui prirent mal la chose et renouvelèrent contre Duruof l'odieuse accusation de lâcheté; qui osèrent même donner à entendre que l'aéronaute partirait bien, mais non en ballon, et qu'il n'enlèverait que l'argent du public. Duruof insista alors auprès de la municipalité, et il obtint, non sans peine, l'autorisation d'exécuter *quand même* l'ascension annoncée. Il risquait sa vie! que dis-je? il allait au-devant d'une mort presque certaine, et il y a gros à parier que ceux qui l'avaient taxé de pusillanimité et d'indélicatesse eussent fait une vilaine grimace s'il les eût priés de vouloir bien monter avec lui dans sa nacelle. Sa jeune et courageuse femme ne voulut pas se séparer de lui dans ce péril suprême. Le départ eut lieu à sept heures cinquante-cinq minutes du soir, en présence d'une foule plus émue que curieuse, et le remords dut tenailler le cœur de ceux qui avaient insulté le malheureux Duruof, lors qu'ils virent le ballon emporté, comme on ne le prévoyait que trop, vers la pleine mer. On était aux premiers jours de septembre La nuit tombait déjà lorsque l'aérostat se trouva au-dessus de la mer. Duruof apercevait les phares anglais et français, mais il n'y avait aucun navire en vue. Il fallut attendre, et attendre jusqu'au jour pour avoir la chance de s'abattre près de quelque bâtiment qui pût venir au secours des aéronautes. Duruof prit le parti de passer la nuit à observer une corde longue de soixante-dix mètres qui pendait de la nacelle, et chaque fois que la corde touchait l'eau, il jetait un peu de lest pour remonter.

« A quatre heures du matin, dit-il, un peu avant le lever du soleil, je jetai tout le lest léger et je découvris que pendant la nuit le vent nous avait poussé dans la direction du nord-est. Ne sachant à quelle distance nous étions de la côte la plus prochaine et craignant d'être poussés dans la direction du pôle par un autre courant, je résolus d'essayer de descendre sur un navire. J'en apercevais plusieurs de toute grandeur au-dessous de moi. Étant alors à une hauteur de seize cents mètres, je fis les manœuvres nécessaires pour descendre, et vers cinq heures j'y parvins. Le courant inférieur avait une direction nord-ouest. Il est impossible de dépeindre la soif qui me dévorait. Ma pauvre femme, que j'essayais de consoler en lui disant que nous suivions la bonne direction, ne perdit pas courage. Je lui montrai deux navires qui se trouvaient juste au-dessous de nous, et je lui fis comprendre que nous cherchions à descendre à bord de l'un d'eux... Je remarquai que le plus petit des deux, un bateau de pêche, faisait des manœuvres dans le but d'arriver à ma rencontre. La mer était très-houleuse. Sans crainte, j'ouvris la soupape, et le ballon tomba jusqu'à ce que les cordes de la nacelle traînassent dans l'eau. En un clin d'œil nous avions dépassé le navire, mais l'équipage mit son canot à la mer et rama vers nous. Il était six heures du matin, et en voyant la bonne volonté que les pêcheurs mettaient à nous venir en aide, je résolus d'arrêter la marche du ballon en tenant la soupape ouverte jusqu'à ce que la nacelle fût remplie d'eau. Cependant, lorsque je me retournai, je n'apercevais plus le navire. De temps en temps d'énormes lames venaient se jeter sur le ballon et nous inondaient d'eau. Le ballon résista au choc. A sept heures nous découvrîmes de nouveau le *Smack* (chasse-marée) sur l'horizon, et nous remarquâmes qu'il nous suivait et gagnait du terrain. Il faisait un froid vif et nos membres s'engourdissaient. Nos forces nous abandonnaient, et l'espoir d'être rattrapés par le chasse-marée seul nous soutenait. »

Abrégeons ce récit. Les naufragés furent enfin rejoints par une embarcation détachée du chasse-marée et montée par le patron ou « capitaine » de ce bâtiment, M. William Oxley, et son second. En accostant la nacelle, cette embarcation faillit être chavirée; mais les braves marins tinrent bon et réussirent à enlever et à déposer dans leur canot Mme Duruof, plus morte que vive. Son mari parvint à son tour à enjamber le bord et se laissa tomber à côté d'elle. On les amena à bord du chasse-marée, où tous les soins nécessaires leur furent prodigués, et qui les débarqua sans autre mésaventure au port de Grimsby en Écosse. Là, M. et Mme Duruof furent acclamés par des centaines de pêcheurs et d'autres spectateurs. La nouvelle de leur sauvetage parvint promptement en France. Les Calaisiens, qui n'étaient pas sans reproche, s'il est vrai, comme nous l'avons dit plus haut, que les propos outrageants de quelques-uns d'entre eux avaient déterminé M. et Mme Duruof à s'élancer au-devant d'une mort presque certaine, les Calaisiens, disons-nous, durent se sentir la conscience soulagée d'un poids bien lourd. Leur allégresse se manifesta par des illuminations, et par une souscription dont le produit, assez rond, fut aussitôt expédié aux naufragés. Cette réparation morale et pécuniaire à la fois leur était bien due.

VII

Les aérostats a la guerre. — Application des ballons aux reconnaissances militaires pendant les guerres de la révolution. — Relation du commandant Coutelle. — L'école aérostatique de Meudon.

Dès qu'une découverte nouvelle apparaît, la première question qui se présente à l'esprit de ceux qui ne sont pas exclusivement voués aux spéculations de la science pure est celle-ci : A quoi cela sert-il?

Relativement aux ballons, la réponse d'abord paraît simple : cela devait servir, selon l'expression d'un des Montgolfier, à « naviguer dans l'air ». Mais on reconnut bientôt que les ballons ne naviguaient point : ils flottaient, ce qui est fort différent; et à moins qu'on ne les retînt captifs avec des cordes, ils allaient — et ils vont encore, hélas! — non pas où l'aéronaute veut aller, mais où le vent les emporte.

Ainsi réduits à n'être que les jouets du vent, les ballons n'avaient servi en réalité qu'à amuser la curiosité du public, quelquefois à l'émouvoir, lorsque l'ascension se terminait à la façon de la tentative d'Icare; mais de services ils n'en avaient rendu que fort peu, lorsque la révolution éclata, et, bientôt après, la guerre, une guerre terrible : celle de toutes les puissances européennes coalisées contre la France. Pour tenir tête à tant d'ennemis conjurés, la révolution n'avait pas trop de toutes les forces matérielles et intellectuelles du pays. La Convention le comprit, et une commission composée de Carnot, Monge, Berthollet, Guyton-Morveau, Chaptal, etc., fut chargée d'aviser aux moyens de faire servir aux besoins de la défense nationale les découvertes scientifiques. Guyton-Morveau eut alors l'idée d'employer les ballons captifs aux reconnaissances militaires, et, cette idée ayant été agréée par le comité de salut public, il proposa à un jeune chimiste de ses amis, nommé Coutelle, de se charger de l'exécution. Coutelle accepta avec empressement, et le comité de salut public lui confia aussitôt la direction des opérations aérostatiques militaires aux armées de Sambre-et-Meuse et du Rhin, mais en lui faisant défense expresse de faire usage de l'acide sulfurique pour la préparation du gaz hydrogène, parce que le soufre était nécessaire à la fabrication de la poudre. La commission scientifique décida alors d'avoir recours à la décomposition de l'eau par le fer (1). Les expériences faites dans ce sens ayant pleinement réussi, Coutelle reçut l'ordre d'aller, sans plus de retard, à Maubeuge, proposer au général Jourdan l'emploi d'un aérostat à son armée. Arrivé à Beaumont, Coutelle montra son ordre au représentant du peuple en mission près de l'armée. Celui-ci trouva fort suspecte une mission à laquelle il ne comprenait rien du tout, et commença par menacer Coutelle de le faire fusiller. Il se radoucit pourtant lorsque le jeune savant lui eut fait voir de quoi il s'agissait, et il voulut bien même le complimenter sur son dévouement à la république. Après une courte entrevue avec Jourdan, Coutelle revint à Paris, pour faire construire et disposer les appareils nécessaires

(1) On sait que l'eau est formée par la combinaison de deux gaz : l'hydrogène et l'oxygène, et que le fer, à la température rouge, a la propriété de décomposer le liquide ou sa vapeur en absorbant l'oxygène, et en mettant en liberté l'hydrogène, qui se dégage seul.

à la production du gaz hydrogène. Il s'adjoignit Conté, qui s'établit avec lui au château de Meudon, mis à sa disposition par le ministre, et au bout de quelques mois tous les appareils étaient prêts.

« J'en donnai avis à la commission, dit Coutelle dans sa relation ; plusieurs de ses membres vinrent présider à la première expérience au moyen d'un ballon tenu par des cordes. Les commissaires m'engagèrent à me placer dans la nacelle, et me donnèrent une suite de signaux à répéter et d'observations à faire. Je me fis élever successivement de toute la longueur des cordes, deux cent soixante-dix toises... J'avais dans ma nacelle de petits sacs remplis de sable et portant une flamme : j'y plaçais la note ou la lettre que je voulais faire passer, et je jetais le sac après avoir averti par un signe convenu. Il tombait au-dessous de la nacelle.

« Peu de jours après, le comité de gouvernement m'adressa le brevet de capitaine commandant les *aérostiers* dans l'arme de l'artillerie, attaché à l'état-major général. Je reçus en même temps l'ordre d'organiser une compagnie de trente hommes, y compris le capitaine, un lieutenant, un sous-lieutenant, un sergent-major faisant fonctions d'officier payeur, des sous-officiers, et de me rendre à Maubeuge dans le plus bref délai. Le huitième jour je partis avec un officier après avoir dirigé sur Maubeuge le petit nombre de soldats que j'avais pu réunir. Mon premier soin fut, en arrivant, de chercher un emplacement, de construire mon fourneau, de faire des provisions de combustible et de tout disposer en attendant l'arrivée de l'aérostat et des appareils qui avaient servi à ma première expérience de Meudon.

« Les différents corps de l'armée ne savaient de quel œil regarder des soldats qui n'étaient pas encore sur l'état militaire, et dont le service ne leur était pas connu. Le général qui commandait à Maubeuge ordonna une sortie contre les Autrichiens, retranchés à une portée de canon de la place. Je lui demandai à être employé avec ma petite troupe à cette attaque. Deux des miens furent grièvement blessés ; le sous-lieutenant reçut une balle morte dans la poitrine. Nous rentrâmes dans la place au rang des soldats de l'armée.

« Peu de temps après, mes équipages étant arrivés, je pus mettre le feu à mon fourneau, et l'aérostat fut rempli en moins de cinquante heures. Alors, deux et souvent trois fois par jour, je m'élevais par ordre du général commandant, avec un officier de l'état-major, pour examiner les travaux de l'ennemi, ses positions et ses forces... Le cinquième jour, une pièce de dix-sept, embusquée dans un ravin à demi-portée de canon, tira sur le ballon aussitôt qu'il fut aperçu au-dessus des remparts. Le boulet passa par-dessus; un second coup fut bientôt préparé; je voyais charger et mettre le feu à la pièce; le boulet cette fois passa si près, que je crus l'aérostat percé. Au troisième coup, le boulet passa par-dessous... Lorsque j'eus donné le signal de nous ramener à terre, ma troupe mit une telle activité pour m'y faire arriver, que la pièce ne put tirer que deux coups. Le lendemain, la pièce n'était plus en position.

« Occupé pendant vingt jours à des travaux continuels de jour et de nuit, ainsi qu'à des observations, rien n'était disposé pour entrer en campagne, pour conduire une voile tendue de vingt-sept pieds et un globe aussi fragile, pour sortir d'une place forte, traverser les fossés, passer par-dessus les remparts et les portes, lorsque je reçus à midi l'ordre de me porter le lendemain sur Charleroi, éloigné de douze lieues par les détours que je serais obligé de faire pour éviter les villages, dont les rues étaient trop étroites.

« Nous pûmes sortir de la place et passer assez près des vedettes ennemies à la pointe du jour.

« Je voyageais avec le ballon à une élévation telle que la cavalerie et les équipages militaires pouvaient passer sous la nacelle; les aérostiers qui tenaient les cordes marchaient sur les deux bords de la route.

« Après avoir fait une reconnaissance en route, nous arrivâmes devant Charleroi au soleil couchant. J'eus le temps, avant la fin du jour, de reconnaître la place avec un officier général. Le lendemain je fis une seconde reconnaissance dans la plaine de Jumet; et le jour suivant l'aérostat fut en observation, avec un officier général et moi, pendant sept à huit heures.

« A trois heures de l'après-midi (l'attaque (1) avait

(1) Il s'agit ici de la bataille de Fleurus, livrée par les Français, assiégeant Charleroi, aux Autrichiens, qui voulaient délivrer cette place. L'aérostat contribua beaucoup à assurer à l'armée française la victoire qu'elle remporta dans cette journée fameuse.

commencé à trois heures et demie du matin), le général Jourdan me donna l'ordre de m'élever et d'observer un point sur lequel il me donna une note. Pendant que j'observais avec un officier de ma compagnie, un bataillon qu'on faisait porter sur un autre point, par le chemin le plus court, passa sous mes cordes : j'entendis plusieurs voix qui répétaient avec humeur qu'on les faisait battre en retraite; je distinguai parfaitement la voix de l'un d'eux qui leur dit : « Si nous battions en retraite, le ballon ne serait pas là. »

« Plusieurs officiers autrichiens qui étaient à la bataille de Fleurus m'ont assuré, lorsqu'ils étaient en France, qu'il avait été tiré sur nous plusieurs coups de carabine. Après quelques autres reconnaissances, nous suivîmes les mouvements de l'armée. Nous étions près des hauteurs de Namur, lorsqu'un coup de vent, que nous n'avions pu prévoir, porta le ballon sur un arbre qui le fendit dans sa partie supérieure; dans un instant il fut vidé.

« Je ne balançai pas à retourner à Maubeuge, dont nous étions éloignés de douze lieues; nous y arrivâmes le lendemain matin. Un nouveau ballon que j'avais demandé n'étant pas arrivé, je crus devoir prendre la poste pour en hâter l'expédition. Aussitôt que je l'eus reçu je fis toutes les dispositions pour le remplir. Après plusieurs reconnaissances auprès des officiers généraux qui commandaient les différents corps de l'armée, nous passâmes la Meuse en bateau pour nous diriger sur Bruxelles.

« Arrivé à Borcette, près d'Aix-la-Chappelle, un séjour de quelques mois me permit d'y faire un nouvel établissement. Je l'avais à peine terminé que je reçus l'ordre de me rendre à Paris pour y former une seconde compagnie; je fus chargé de la conduire à l'armée du Rhin, où les reconnaissances eurent le même succès.

« Les généraux autrichiens et les officiers de leur armée ne cessaient pas d'admirer cette manière de les observer, qu'ils appelaient aussi savante que hardie. J'en ai reçu les témoignages les plus honorables toutes les fois que je me suis trouvé avec eux. « Il n'y a que les Français capables d'imaginer et d'exécuter une pareille entreprise, » m'ont-ils répété lorsque je leur ai dit qu'ils pouvaient en faire autant.

« J'avais reçu l'ordre de faire une reconnaissance sur

Mayence; je me postai entre nos lignes et la place, à une demi-portée de canon : le vent était fort, et pour lui opposer plus de résistance, je montai seul avec plus de deux cents livres d'excès de légèreté. J'étais à plus de cent cinquante toises d'élévation, lorsque trois bourrasques successives me rabattirent à terre avec une si grande force, que plusieurs des barreaux qui soutenaient le fond de ma nacelle furent brisés. Chaque fois le ballon s'élevait avec une telle vitesse, que soixante-quatre personnes, trente-deux à chaque corde, étaient entraînées à une grande distance.

« L'ennemi ne tira point. Cinq généraux sortirent de la place en élevant des mouchoirs blancs sur leurs chapeaux; nos généraux, que j'en prévins, allèrent au-devant d'eux. Lorsqu'ils se furent rencontrés, le général qui commandait la place dit au général français : « Monsieur le général, je vous demande en grâce de faire descendre ce brave officier : le vent va le faire périr; il ne faut pas qu'il soit victime d'un accident étranger à la guerre : c'est moi qui ai fait tirer sur lui à Maubeuge. »

« Le vent se calma un peu; alors je pus compter à la vue simple les pièces de canon sur les remparts, ainsi que toutes les personnes qui marchaient dans les rues et sur les places...

« Nous étions campés sur les bords du Rhin devant Manheim, lorsque le général qui nous commandait m'envoya en parlementaire sur l'autre rive. Aussitôt que les officiers autrichiens eurent appris que je commandais l'aérostat, je fus accablé de questions et de compliments; un officier qui avait passé le fleuve avec moi observa que si mes cordes cassaient, je pourrais être exposé en tombant dans le camp ennemi. « Monsieur l'ingénieur aérien, répondit un officier supérieur, les Autrichiens savent honorer les talents et la bravoure; vous seriez traité avec distinction. C'est moi qui vous ai aperçu et signalé le premier, pendant la bataille de Fleurus, au prince de Cobourg, dont je suis l'aide de camp. » Je lui observai qu'on ne devait pas, suivant l'usage, m'interdire l'entrée de la place, puisque, en m'élevant sur l'autre rive, je plongeais sur la ville. Le général qui commandait envoya le lendemain l'autorisation de me faire voir la place, si notre général consentait à m'y laisser entrer...

« Pendant que j'étais à cent cinquante toises d'élévation pour une reconnaissance sur les bords du Rhin, un frisson épouvantable me força pour la première fois de m'asseoir dans ma nacelle; il fut suivi d'une fièvre violente qui me mit aux portes du tombeau à Frakental, où j'avais fait un établissement. Mon lieutenant prit le commandement de ma compagnie et passa le Rhin; dans la première nuit son ballon fut criblé de chevrotines et mis hors de service.

« Celui que conduisait le capitaine Lhomond, commandant la seconde compagnie, et que plusieurs bombes et boulets n'avaient pu démonter devant Erhenbreinstein, fut également percé de plusieurs balles près de Francfort. Cette compagnie fut faite prisonnière de guerre à Würtzbourg, en Franconie, et fit ensuite partie de l'expédition d'Égypte.

« Forcé de prendre un congé, j'étais à peine convalescent lorsque je rentrai à Paris. Je fus élevé, en arrivant, au grade de chef de bataillon, et je repris la suite de mes travaux à Meudon. »

Les hostilités étant alors suspendues, Coutelle fut chargé, conjointement avec son ami Conté, d'établir à Meudon une *école aérostatique*, dont ce dernier fut nommé directeur. Cette école était destinée à recevoir un certain nombre de jeunes gens sortant de l'École militaire et à les exercer aux manœuvres aérostatiques. Ces manœuvres consistaient dans la construction, l'appareillement et la conduite des ballons, et dans la pratique de l'espèce de télégraphie imaginée par Conté pour entretenir la correspondance entre l'aéronaute et les personnes restées à terre. Tout devait se passer dans le plus grand silence. L'officier montant le ballon correspondait premièrement avec ses hommes qui tenaient les cordes et conduisaient le ballon; il se servait pour cela de drapeaux carrés ou triangulaires, de cinquante centimètres de large et de couleurs diverses; chaque drapeau, rouge ou blanc ou jaune, etc., avait un sens propre et signifiait qu'il fallait laisser monter, faire descendre, avancer, reculer, aller à droite, à gauche, etc.; et réciproquement, les aérostiers répondaient par des pièces d'étoffes semblables qu'ils étendaient sur le sol, et qui avertissaient l'aéronaute des mouvements qu'il devait exécuter; deuxièmement avec le général en chef, auquel il transmettait le résultat de ses reconnaissances sur des morceaux de papier attachés à de petits sacs pleins de sable, surmontés d'une banderole, qu'il jetait à terre.

A la reprise des hostilités, les aérostats furent encore employés avec succès à Bond, à Liége, à Coblentz, au Coq-Rouge, à Kiel, à Strasbourg et à Andernach, par les généraux Jourdan, Lefebvre, Pichegru, Moreau et Bernadotte.

Le général Bonaparte emmena aussi avec lui en Égypte la seconde compagnie d'aérostiers, alors commandée par Conté; mais les Anglais capturèrent le vaisseau qui portait les appareils et les matériaux destinés à la production du gaz et à la construction des aérostats. Les aérostiers ne furent donc, dans cette expédition, d'aucune utilité stratégique, et leur rôle se borna à faire enlever quelques ballons dans les fêtes par lesquelles le général en chef s'appliquait à charmer les ennuis de ses soldats, et à impressionner favorablement l'imagination des Orientaux.

Napoléon n'était pas, du reste, partisan de l'emploi des aérostats aux armées; il était convaincu que, si l'on en avait tiré d'abord parti, cela était dû uniquement à ce qu'alors les Français avaient seuls de ces machines, et seuls aussi savaient s'en servir; mais que désormais, la construction et la manœuvre des aérostats n'étant plus un secret pour aucune nation de l'Europe et ne constituant plus un privilége entre nos mains, les ennemis pourraient aisément opposer les ballons aux nôtres, et qu'ainsi l'aérostation militaire ne serait plus dans la stratégie qu'une complication dont il ne résulterait pour nos armées aucun avantage spécial. En conséquence, lorsqu'il devint premier consul, il fit fermer l'école de Meudon et vendre tous les ustensiles qu'elle contenait.

VIII

Les aérostats a la guerre (suite). Les ballons incendiaires, au siége de Venise en 1849. — Essais à Vincennes. — Les ballons du siége de Paris et la poste aérienne. — Essai tenté pour rentrer dans Paris. — L'aérostation militaire aux armées de la Loire. — Les ballons de la Commune.

L'emploi des aérostats était abandonné en France sinon d'une manière définitive, au moins pour bien des années. Cependant Carnot, qui commandait Anvers assiégé en 1815, se servit encore de ballons captifs pour reconnaître les positions des assiégeants. On a, depuis, essayé à plusieurs reprises de réaliser une autre application militaire des aérostats en les chargeant de projectiles explosifs qu'ils devaient laisser retomber, à un moment donné, sur les ennemis. Cette idée paraît avoir pris naissance en Russie, en 1812; mais les expériences préliminaires ayant mal réussi, on ne lui donna aucune suite. En 1849, les Autrichiens, assiégeant Venise, ne craignirent pas de recourir à ce moyen de destruction. Mal leur en prit. De petits ballons furent lancés au-dessus de la ville. Chacun portait une bombe munie d'une mèche à laquelle on mit le feu au moment du départ (il va sans dire que les ballons n'étaient montés par personne), et dont la longueur était calculée de telle sorte que le feu gagnât le projectile en temps opportun. Mais le vent, sans lequel on avait compté, déjoua les calculs des savants officiers autrichiens. Des mèches s'éteignirent en route; d'autres brûlèrent plus vite qu'on ne voulait, et les bombes éclatèrent en l'air. Enfin la plupart des ballons furent ramenés par le vent en deçà des lignes des assiégeants, et ce fut sur ces derniers que revinrent tomber les projectiles destinés aux malheureux Vénitiens.

Malgré cet exemple fort instructif, le gouvernement impérial français fit exécuter à Vincennes, en 1854, des expériences du même genre. Seulement les petits ballons perdus étaient remplacés par un gros ballon captif, qui devait laisser tomber à terre des projectiles. Il paraît que ces expériences furent mal faites ou qu'elles donnèrent des résultats peu encourageants. Quoi qu'il en soit, les ballons ne jouèrent aucun rôle au siége de Sébastopol, ni dans aucune des guerres du second empire.

Il n'en fut pas de même dans la guerre de Sécession des États-Unis, où l'armée du Nord tira un très-heureux parti de l'emploi des ballons captifs combiné avec celui du télégraphe électrique pour les reconnaissances militaires. C'était l'idée française de 1793 reprise et perfectionnée. Ce fut surtout au siége de Richmond que ce mode d'observation rendit aux fédéraux de remarquables services, en signalant au général Mac-Clellan tous les mouvements des séparatistes, et en lui permettant de porter ses forces au moment opportun sur les points où l'ennemi se flattait de le surprendre.

Les événements de la guerre désastreuse soutenue en 1870 et 1871 par la France contre l'Allemagne ont ajouté à l'histoire de l'aérostation une page à la fois triste et glorieuse. Le rôle de l'aérostation a été, durant cette lamentable période, à la fois militaire, politique et social, — j'allais dire moral. C'est surtout, en effet, comme moyen de transport et de communication entre la capitale assiégée et les départements, entre le gouvernement de Paris et sa délégation établie d'abord à Tours, puis à Bordeaux, que les ballons ont été utilisés. Cette poste aérienne, heureusement combinée avec l'emploi des pigeons voyageurs et avec la merveilleuse application de la photographie à la reproduction microscopique des dépêches, a été pour l'Europe entière un sujet d'admiration, pour nos ennemis une cause de dépit et une humiliation au milieu de leurs triomphes.

Le 18 septembre 1870 est une date néfaste qui ne s'effacera jamais de la mémoire des Français. Ce jour-là, le cercle de l'armée allemande se ferma autour de Paris. La France fut séparée de sa capitale, et celle-ci dut se préparer à tous les périls, à toutes les privations, à toutes les angoisses d'un siége meurtrier. Déjà, en prévision de cet événement, le gouvernement de la défense nationale avait envoyé à Tours trois de ses membres, MM. Glais-Bizoin, Crémieux et l'amiral Fourichon, pour le représenter et pourvoir, dans les départements, aux besoins de la défense et des affaires publiques. Mais entre ces deux tronçons du gouvernement, nulle entente, nulle action commune n'était possible une fois Paris investi. Chacun était condamné à ne plus agir qu'au hasard, en risquant de contrarier, de détruire ce que l'autre pouvait faire ou tenter. La délégation de Tours avait bien emporté les instructions du général Trochu; mais ces instructions ne pouvaient tout prévoir, et la tactique habituelle de l'ennemi devait en rendre l'exécution souvent impossible. Puis comment ne pas songer à ces milliers de familles dispersées par la fatalité des événements; à ces femmes, à ces enfants, qui avaient dû s'exiler en province, laissant à Paris un père, des fils, des frères, que leur patriotique devoir retenait au poste de combat! Fallait-il de part et d'autre se résigner à une séparation absolue, qui pour tous serait longue sans doute, et pour plusieurs, hélas! éternelle? — Par bonheur, on songea aux ballons. Avec les ballons on pouvait sortir de Paris sans encombre, passer à quelques centaines de mètres au-dessus des lignes prussiennes, et aller atterrir au sud, ou à l'ouest, ou au nord-ouest sur un sol français. Une fois là, les émissaires du gouvernement de Paris iraient s'aboucher avec la délégation, et la poste se chargerait de distribuer dans toute la France les lettres qui leur auraient été confiées. En un mot, Paris communiquerait avec les départements,

Ce n'était, à la vérité, que la moitié du problème : il restait à mettre les départements en communication avec Paris, ce qui était beaucoup plus difficile. Revenir à Paris par la voie de l'air, on osa bien le rêver, on l'essaya même, sans succès, comme nous le verrons bientôt; mais on ne pouvait se faire à cet égard aucune illusion en l'absence de moyens de direction pour les aérostats, et il fallut chercher autre chose. On trouva les pigeons voyageurs, que les aéronautes emportaient de Paris, et qui reprenaient leur vol vers le lieu de départ, portant attachée à une plume de leur queue une dépêche imperceptible. Grâce à cet artifice et grâce à la photographie, les assiégés ont pu avoir de temps à autre des nouvelles de ce qui se passait en France.

Dès le 23 septembre, un premier ballon s'élevait des buttes Montmartre à huit heures du matin, emportant l'aéronaute Duruof avec cent vingt-cinq kilogrammes de dépêches. Duruof descendit sans accident, le même jour à onze heures, non loin d'Évreux.

Deux jours après, le ballon de M. Eugène Godard, la *Ville de Florence,* partait du boulevard d'Italie. Il était monté par l'aéronaute Gabriel Mangin et par un passager fort équivoque du nom de Lutz. Les deux voyageurs atterrirent à Vernouillet, dans le département de Seine-et-Oise, à quelques kilomètres à peine des Prussiens. Tandis que M. Mangin repliait son ballon et le cachait, ainsi que ses instruments, le sieur Lutz s'emparait des dépêches et s'en allait à Tours, raconter qu'il était venu seul avec une mission du gouvernement. Dans un hôtel, il se faisait, a-t-on dit, passer pour M. Nadar. M. Mangin, arrivant ensuite et se présentant comme l'aéronaute de la *Ville-de-Florence*, était fort étonné d'apprendre que ledit aéronaute était déjà dans la ville; il se mit aussitôt à sa recherche; mais Lutz était déjà reparti. Ce qu'il devint, ce qu'il fit, on ne l'a jamais su au juste. Dans un prétendu récit de son voyage qu'il a publié à Tours, il persiste à supprimer son compagnon Mangin et à se dire « Commissaire délégué du gouvernement de la défense nationale ». La *Ville-de-Florence* avait emporté trois cents kilogrammes de dépêches, et trois pigeons qui revinrent à Paris avec des nouvelles.

La troisième ascension eut lieu le 29 septembre, au moyen de deux ballons accouplés que montaient MM. Louis Godard et Courtin, et qui touchèrent terre à trois kilomètres de Mantes. La quatrième fut exécutée le 30 septembre, par M. Gaston Tissandier seul, avec le ballon *le Céleste*. M. Tissandier emportait trois pigeons, trois ballots de dépêches pesant quatre-vingts kilogrammes, des instructions confidentielles du gouvernement de Paris pour la délégation, et dix mille proclamations imprimées en allemand à l'adresse de l'armée ennemie. Parti de Vaugirard à neuf heures et demie, il put prendre terre vers midi à peu de distance de Dreux, après avoir couru risque de recevoir quelques balles prussiennes. A Dreux, il remit ses dépêches au receveur des postes, et lâcha deux de ses pigeons avec de courtes missives annonçant son arrivée. Il se rendit aussitôt après à Tours, d'où il lança son troisième pigeon, porteur d'une dépêche chiffrée de l'amiral Fourichon pour le général Trochu. Il fut bientôt rejoint dans cette ville par son frère, M. Albert Tissandier, qui était parti de Paris le 14 octobre, à une heure un quart, en compagnie de MM. A. Ranc et Ferrand, avec quatre cents kilogrammes de dépêches. Ces voyageurs, débarqués à Montpothier, près de Nogent-sur-Seine, n'avaient pu arriver à Tours qu'en passant par Troyes,

Dijon, Nevers et Bourges. Huit jours auparavant, le ballon *l'Armand-Barbès*, monté par l'aéronaute J. Trichet, avait emporté M. Gambetta, ministre de l'intérieur et de la guerre, désormais chargé de la direction suprême de la défense hors de Paris, et son chef de cabinet, M. Spuller, en même temps que MM. Revilliod, aéronaute, May et Raynold, citoyens américains, et un sous-préfet, s'élevaient dans la nacelle du *Georges-Sand*. Le double départ eut lieu à onze heures dix minutes. Les deux ballons, en passant au-dessus des lignes prussiennes, eurent à essuyer plusieurs décharges de mousqueterie: une balle effleura la main de M. Gambetta. L'*Armand-Barbès* put néanmoins atterrir sans avarie sérieuse près de Montdidier, à trois heures moins un quart, et M. Gambetta et ses compagnons arrivèrent sains et saufs à Amiens dans la soirée. Quant aux voyageurs du *Georges-Sand*, ils descendirent à quatre heures, à Crémery, près de Roye, d'où ils rejoignirent le lendemain à Amiens ceux du *Barbès*.

Le total des départs ainsi effectués de Paris pendant la durée du siége est de soixante-quatre. Le dernier ballon partit le 28 janvier et apporta en province la nouvelle de l'armistice. On n'attend pas de nous le récit de ces nombreuses ascensions. Nous emprunterons seulement au véridique et curieux livre de M. Gaston Tissandier, *En ballon, pendant le siége de Paris*, quelques détails sur ceux de ces aventureux voyages qui ont eu une terminaison malheureuse ou qui ont été marqués par des incidents extraordinaires.

Les deux premiers qui se présentent à nous sont les dix-septième et dix-huitième par ordre de dates. Deux ballons, *le Vauban* et *la Bretagne*, partirent le même jour, 27 octobre. Le premier portait trois personnes : M. Guillaume, un marin devenu aéronaute, et deux passagers : MM. Reitlinger, photographe, et Cassiers, propriétaire de pigeons. Il alla tomber près de Verdun dans un district occupé par les Prussiens. Le marchand de pigeons fut grièvement blessé dans le traînage. M. Reitlinger, Bavarois d'origine, se tira aisément d'affaire grâce à sa connaissance de la langue allemande. MM. Cassiers et Guillaume parvinrent-ils à regagner une terre française ou furent-ils pris par les Prussiens, M. Tissandier ne nous l'apprend point; mais il reproduit le récit détaillé fait dans le journal *la Liberté*, du 13 mars 1871, par M. W. de Fonvielle, de ce qui advint aux voyageurs de la *Bretagne*. Ceux-ci étaient MM. Cuzon, aéronaute ; Wœrth, Manceau et Hudin, passagers. Ceux-ci allèrent, comme les précédents, tomber au milieu des Prussiens, qui commencèrent par leur adresser une fusillade bien nourrie, heureusement sans blesser personne. M. Cuzon s'était obstiné à descendre, malgré les protestations de ses compagnons. L'un d'eux, néanmoins, ne vit pas plutôt la nacelle près de terre, qu'au mépris des lois de la discipline et de la solidarité aéronautiques, et au risque de se casser bras ou jambes, il sauta en bas et courut aux Prussiens. C'était un Anglais, il se croyait fort de sa nationalité ; mais les Prussiens ne l'en retinrent pas moins prisonnier jusqu'à la paix.

« Le ballon, allégé du poids de ce déserteur, dit M. de Fonvielle, se redressa avec rapidité ; il aurait remonté à une grande hauteur si M. Cuzon n'avait donné de nouveaux coups de soupape. Le ballon ne tarda pas à redescendre. Quand M. Cuzon et M. Hudin se voient à portée, ils se hâtent de sauter à terre, laissant dans la nacelle M. Manceau, qui est entraîné avec la rapidité d'une flèche dans la région des nuages. Il ne tarde point à pénétrer dans une zone où règnait une pluie abondante. Il éprouve un froid intense ; le sang lui sort par les oreilles... Il a le sang-froid de tirer de toute sa force la corde, et il retombe avec rapidité. Bientôt il arrive à une prairie ; mais, entraîné par l'exemple, il saute. Il a mal mesuré la hauteur : il tombe de quarante pieds de haut et se casse la jambe. Le ballon rebondit et redescend ; il s'aplatit à quelque distance. » Ainsi accommodé, le malheureux, tantôt nageant, tantôt marchant à quatre pattes, se traîne à travers un marais vers un endroit où il aperçoit de la lumière. Des paysans le rencontrent dans l'obscurité et, après avoir voulu le tuer, consentent à le transporter dans une cabane. Le brave curé, qui l'a sauvé de la fureur aveugle de ces brutes, s'en va avec quelques hommes à la recherche du ballon, et parvient à sauver les dépêches. Il était temps : un misérable était allé à Corny, au quartier général de Frédéric-Charles, avertir les Prussiens de ce qui se passait. Le lendemain, des uhlans venaient enlever Manceau et l'emmenaient à Mayence. Là on voulut d'abord le fusiller ; on le traita avec la dernière brutalité. Il guérit pourtant, et à la paix il put rejoindre sa famille.

Le 4 novembre, un troisième ballon, *le Galilée*, tombait

à son tour entre les mains des Prussiens, près de Chartres. L'ennemi s'empara des dépêches et fit prisonnier l'aéronaute, M. Husson. Le passager, M. Étienne Antonin, réussit à leur échapper. Le *Daguerre,* parti le 12 novembre, tomba à Ferrières, et fut également capturé par les Prussiens. Le *Niepce,* parti le même jour, prit terre à Vitry et put les éviter : fort heureusement, car cet aérostat emportait les appareils photographiques qui servirent à l'exécution des dépêches microscopiques. Le sauvetage des caisses n'exigea pas moins de huit jours.

La *Ville d'Orléans,* montée par MM. Rolier, ingénieur, et Deschamps, franc-tireur, et qui emportait deux cent cinquante kilogrammes de dépêches et six pigeons, partit de la gare du Nord le 24 novembre, à onze heures quarante-cinq du soir, et alla tomber le lendemain, à une heure de l'après-midi, à cent lieues au nord de Christiania, en Norwége. Nos deux compatriotes reçurent dans ce pays l'hospitalité la plus bienveillante, et firent don de leur aérostat à l'Université de Christiania. Quelques autres ballons allèrent s'abattre avec le même bonheur en Belgique et en Hollande.

Le *Jules Favre,* parti le 30 novembre, à onze heures et demie du soir, fut emporté par un vent violent dans la direction de l'ouest, et au jour, les deux voyageurs qui le montaient, MM. Martin et Ducauroy, reconnurent avec effroi qu'ils couraient rapidement vers la mer. Ils se hâtèrent alors d'ouvrir la soupape, et ils eurent la chance presque miraculeuse de s'abattre à Belle-Ile en mer. La chute fut brusque, mais les voyageurs s'en tirèrent avec des contusions.

Le même jour, ou plutôt la même nuit, un brave marin, nommé Prince, s'était élevé seul dans la nacelle du *Jacquard,* en s'écriant, dit-on, avec enthousiasme : « Je veux faire un immense voyage; on parlera de mon ascension. » Voyage immense, en effet : le malheureux partait pour l'éternité. Le lendemain de son départ, le *Jacquard* fut aperçu par un navire anglais, en vue de Plymouth; mais ce fut tout : on n'a jamais su ce qu'était devenu l'aéronaute. Évidemment l'infortuné Prince a péri en mer. Le deuxième ballon perdu en mer fut le *Richard Wallace,* l'avant-dernier des soixante-quatre émissaires aériens de la capitale assiégée. Le *Richard Wallace* partit de la gare du Nord le 27 janvier, à trois heures et demie de l'après-midi, monté par un seul homme du nom de Lacaze, brave soldat, mais aéronaute inexpérimenté. « Ce ballon, dit M. Gaston Tissandier, a été perdu en mer en vue de la Rochelle. Il est bien difficile d'expliquer la cause de ce malheur. L'aérostat monté par M. Lacaze a presque touché terre en vue de Niort; on a crié à l'aéronaute de descendre, mais il est reparti dans les hautes régions en vidant un sac de lest. Il a été vu à la Rochelle à une grande hauteur; au lieu de descendre sur le rivage de la mer, il a continué sa course vers l'Océan, où on l'a vu se perdre à l'horizon. L'infortuné Lacaze n'a-t-il pas pu trouver la corde de la soupape pour descendre? S'est-il évanoui dans la nacelle? C'est ce qu'on ne saura jamais. »

Pendant le mois de décembre, deux ballons encore tombèrent entre les mains de l'ennemi. Ce fut d'abord le ballon *la Ville-de-Paris*, monté par l'aéronaute Delamarne, et par un journaliste, M. Morel. La *Ville-de-Paris* emportait douze pigeons et soixante-cinq kilogrammes de dépêches. Elle alla tomber à Wertzlier, en pleine Prusse. Il va sans dire que les deux voyageurs furent faits prisonniers et fort maltraités, et qu'encore durent-ils s'estimer heureux de n'être pas fusillés. Autant en dirons-nous de MM. Worrecke, de l'Épinay, Julliac et Joufryou, qui partirent à bord de l'aérostat *le Général-Chanzy*, le 20 décembre, et que le vent déposa à Rotemberg, en Bavière.

Il nous reste à mentionner, parmi ceux qui sortirent de Paris pendant le siége au moyen d'aérostats, un éminent astronome, M. Janssen, auquel l'Académie des sciences avait confié la mission d'aller observer en Algérie l'éclipse totale de soleil du 27 décembre. Le gouvernement de la défense, l'Académie, l'Observatoire, se portant garants du caractère exclusivement scientifique de cette mission, avaient fait demander à M. de Bismarck un sauf-conduit pour M. Janssen. Le sauf-conduit fut refusé. Placé ainsi dans l'alternative de renoncer à faire son devoir de savant, ou de recourir à la voie aérienne, M. Janssen n'hésita pas. Il partit le 2 décembre, à bord du *Volta*, avec un marin nommé Chapelain, emportant avec lui tous les instruments nécessaires pour son observation. Il descendit sain et sauf à Savenay (Loire-Inférieure), et de là se rendit en Algérie.

Nous avons dit plus haut que, dès les premiers temps du siége de Paris, on avait songé à rentrer dans la capitale comme on en sortait, c'est-à-dire en ballon. C'était rêver, sinon l'impossible, du moins l'improbable; mais, si faible que fût la chance de succès, on voulut du moins la tenter. C'est à MM. Tissandier que revient l'honneur de cette téméraire entreprise. Si le problème à résoudre était hasardeux, les données en étaient fort simples. On peut l'énoncer ainsi : La direction du vent étant donnée, partir d'un point tellement situé que l'aérostat fût porté sur Paris, et lui permît d'atterrir, soit dans l'enceinte même de la ville, soit dans la zone protégée par les forts. Après avoir attendu plusieurs jours au Mans que le vent, qui soufflait obstinément du nord-ouest, voulût bien incliner vers le sud-ouest, MM. Gaston et Albert Tissandier, voyant que le vent refusait de venir à eux, se décidèrent à aller chercher le vent, et les voilà partis pour Rouen avec leur ballon *le Jean-Bart*. Là ils attendent encore quatre jours. Enfin, le 7 novembre, le gouvernement recevait à Tours le télégramme suivant, qu'il publiait le lendemain dans son *Journal officiel* :

« Rouen, 7 novembre, midi.

« *Inspecteur Rouen à directeur général télégraphes à Tours.*

« Le ballon *le Jean-Bart*, monté par MM. Tissandier frères, est parti à onze heures et demie, se dirigeant sur Paris, au milieu des acclamations. Vent favorable. Temps brumeux; ils font bonne route. Ces messieurs emportent lettres, paquets et dépêches. »

Tout sembla d'abord aller pour le mieux. Le *Jean-Bart* marchait droit sur Paris; mais bientôt le vent tomba presque entièrement, laissant l'aérostat presque immobile au milieu d'un brouillard épais; puis sa direction changea. Il fallait s'arrêter, sous peine de tomber entre les mains des Prussiens, encore n'était-on nullement sûr de leur échapper, car on savait qu'ils marchaient sur Rouen. Heureusement, les hardis aéronautes purent toucher terre à Posc, au milieu des avant-postes français. De là il leur fallut transporter leur ballon de l'autre côté de la Seine, à Romilly-sur-Andelle, où se trouvait une usine qui devait leur fournir du gaz pour réparer leurs pertes. Le lendemain 8, le ballon regonflé s'éleva de nouveau, mais au milieu de conditions atmosphériques toutes différentes de celles de la veille. Bref, vers dix heures du soir, MM. Tissandier durent reconnaître que le vent les abandonnait, et ils se décidèrent à redescendre près du petit village d'Heurtrouville, d'où ils regagnèrent Rouen le lendemain, par bateau, avec leur aérostat replié dans sa nacelle, et leurs paquets de lettres.

Le 16 novembre, nous les retrouvons à Tours, où déjà le gouvernement s'est occupé de former une première équipe d'aérostiers militaires. Les aéronautes Duruof et Bertaux, secondés par les marins Jusseu, Labadie, Hervé et Guillaume, avaient exécuté à Orléans, avec le ballon *la Ville-de-Langres,* fabriqué à Tours, des expériences de télégraphie électro-aérostatiques. Ils y furent rejoints, le 19, par MM. Tissandier, toujours suivis de leur inséparable *Jean-Bart.* Mais le service des aérostats militaires ne fut définitivement organisé que dans les premiers jours de décembre. Les aéronautes désignés au ministre de l'intérieur et de la guerre, par M. Steenackers, directeur général des postes et télégraphes, et qui eurent la direction de ce service, avec rang de capitaine, furent MM. Gaston et Albert Tissandier, J. Revilliod, A. Bertaux, Poirrier, Nadal, J. Duruof et G. Mangin.

Les deux frères Tissandier restèrent en possession des aérostats *la Ville-de-Langres* et *le Jean-Bart;* deux autres ballons étaient confiés à MM. Révilliod et Poirrier; M. Bertaux était choisi comme capitaine-trésorier; M. Nadal était chargé des opérations de gonflement; enfin MM. Duruof et G. Mangin devaient rester à Bordeaux pour surveiller le matériel de réserve et préparer ce qui était nécessaire à leurs collègues. Chaque ballon en campagne était *servi,* c'est-à-dire remorqué et manœuvré par cent cinquante gardes mobiles. J'allais oublier le colonel et le commandant, dont les noms ne sont pas connus et méritent peu de l'être si, comme l'assure M. G. Tissandier, leur rôle se borna à toucher leur solde, — beaucoup plus élevée, naturellement, que celle des simples officiers, — à jouer au billard, à fumer des cigares : « actions d'éclat » qui leur valurent, au mois de janvier 1871, la croix d'honneur.

Quant aux aérostiers actifs, ils firent ce qu'ils purent, et ce ne fut pas leur faute s'ils ne contribuèrent pas, comme leur devancier Coutelle, aux victoires des armées françaises. Mis successivement à la disposition des généraux d'Aurelles de Paladines, de Marivaux et Chanzy, ils furent bien accueillis par eux, par le général Chanzy surtout, qui se montra fort satisfait, émerveillé même des essais exécutés en sa présence, et exprima aux aérostiers le regret de ne les avoir pas eus avec lui au combat de Marchenoir. — « L'ennemi, leur dit-il, avait si bien caché ses positions, que je ne pouvais savoir d'où étaient lancés les obus qui accablaient mes soldats. Je suis monté sur un clocher, mais je n'ai pu m'élever assez pour dominer un rideau d'arbres qui arrêtait mes regards... Ah! ce fut une terrible journée! »

Des journées plus terribles encore devaient mettre fin à cette lutte inégale d'une nation désarmée contre des légions renaissantes d'envahisseurs armés de toutes pièces et savamment disciplinés. Nos désastres répétés, et, en dernier lieu, la lamentable défaite essuyée au Mans par l'armée de la Loire, rendirent inutiles le zèle et l'activité des aérostiers. Ceux-ci toutefois n'étaient pas découragés et attendaient encore l'occasion de servir la patrie, lorsque l'armistice fut signé le 29 janvier.

Notre tâche d'historien serait incomplète si nous ne parlions, ne fût-ce que pour mémoire, de l'essai d'organisation d'un service « d'aérostiers civils et militaires » qui fut tenté au mois d'avril par la « Commune de Paris ». Un décret daté du 20 avril 1871 et signé des membres de la « commission exécutive », créait une compagnie composée « provisoirement » d'un capitaine, d'un lieutenant, d'un sous-lieutenant, d'un sergent, de deux chefs d'équipe et de douze aérostiers. M. Claude-Jules Duruof était nommé capitaine, et M. Jean-Pierre-Alfred Nadal, lieutenant. Les considérants du décret portent que l'aérostation était « naturellement et légitimement appelée, en ces circonstances, à rendre des services en répandant partout la lumière salutaire. Dans l'état de guerre offensive déclarée et poursuivie par le gouvernement de Versailles, ajoutaient les auteurs du décret, il est important à la défensive d'utiliser les observations aérostatiques militaires, systématiquement et intentionnellement repoussées pendant la durée du siége de Paris, et alors, en effet, inutiles à ceux qui devaient livrer Paris. »

Nous ne savons si MM. Duruof et Nadal acceptèrent le grade et les fonctions qui leur étaient conférés; mais ce qui est certain c'est que l'aérostation « civile et militaire » de la Commune demeura, ainsi que la plupart des créations tapageuses de ce soi-disant gouvernement, à l'état de projet.

IX

Applications diverses des ballons. — La télégraphie aérostatique. — L'*électro-substracteur* de Dupuis-Delcourt. — Les ballons captifs de M. Giffard, à Paris et à Londres. — Application des aérostats aux recherches scientifiques. — Ascension de Biot et de Gay-Lussac; de MM. Bixio et Barral. — Les ascensions scientifiques en Angleterre. — MM. Glaisher et Coxwell. — Reprise des ascensions scientifiques en France. — MM. Tissandier, Flammarion et Fonvielle. — Les deux ascensions du *Zénith*. — Mort de Sivel et de Crocé-Spinelli.

Nous venons de voir quel a été jusqu'ici le rôle militaire des aérostats. Parlons maintenant de leurs applications pacifiques. Les premières que l'on a essayées ne sont pas, comme il arrive d'ordinaire, celles qui ont donné les meilleurs résultats.

Au mois de novembre 1783, Guyton-Morveau proposait, dans un rapport à l'Académie des sciences de Dijon, d'appliquer la force ascensionnelle des ballons à extraire l'eau des profondeurs des mines. C'est une fonction que la machine à vapeur, bien qu'elle fût encore alors très-imparfaite, remplissait déjà beaucoup mieux et plus économiquement que des ballons ne l'auraient pu faire; l'idée de Guyton était bizarre et peu pratique. On s'étonne qu'elle lui soit venue, mais on ne s'étonne pas qu'elle ait été abandonnée presque aussitôt que produite.

Pendant la révolution, Coutelle en eut une qui valait mieux : elle consistait à combiner l'emploi des ballons avec celui du télégraphe aérien des frères Chappe. Cela n'était point sot, et si, grâce à la télégraphie électrique, il n'y a plus lieu de recourir, en temps ordinaire, à un moyen de communication relativement si imparfait, peut-être, en temps de guerre, lorsque l'ennemi a coupé les fils télégraphiques, le procédé de Coutelle ne serait-il pas à dédaigner.

Au début de l'aérostation, Montgolfier, l'abbé Bertholon et d'autres avaient songé à porter presque dans les flancs des nuées le paratonnerre inventé par Franklin peu de temps auparavant. Cette idée fut émise de nouveau, en 1838, par François Arago dans l'*Annuaire du bureau des longitudes*, et, en 1839, M. Dupuis-Delcourt imagina un appareil auquel il donna le nom d'*électro-substracteur*. Cet appareil consistait en un cylindre étroit et long, en cuivre rouge très-mince, garni de pointes métalliques, et terminé par deux cônes. Il devait être retenu captif par plusieurs cordes semi-métalliques, destinées à établir entre les nuages électriques et le réservoir terrestre une communication constante. Cette invention n'a jamais été appliquée, que nous sachions.

Pourquoi ne mentionnerions-nous pas ici, parmi les applications nouvelles de l'aérostation, celle qui en a été faite avec succès en 1867, lors de l'Exposition universelle, à l'amusement direct du public? Cette expression « l'amusement direct » a besoin d'être expliquée. Jusqu'alors le public avait pu assister à de nombreuses ascensions; mais tout autre chose est de voir une ou plusieurs personnes s'élever en ballon, autre chose de prendre soi-même place dans la nacelle, et de goûter les plaisirs et les émotions d'une ascension. Les aéronautes qui exécutent des voyages plus ou moins longs peuvent bien prendre avec eux un ou plusieurs *passagers;* mais le nombre de ceux-ci est nécessairement très-restreint; le prix du *passage* n'est pas à la portée des bourses modestes, et puis il y a le chapitre des risques à courir, qui ne laisse pas de rebuter la plupart des amateurs. Le bourgeois curieux mais paisible veut bien monter en ballon; il veut bien payer sa place; mais il ne tient pas à perdre absolument de vue le « plancher des vaches », et surtout il veut être sûr de rentrer dîner et coucher chez lui avec ses membres au complet. Ce qu'il lui faut, en un mot, ce sont des ascensions de plaisir, sans danger et à bon marché. Ces ascensions ont été organisées de la façon la plus satisfaisante par le savant et habile ingénieur M. Henry Giffard, que nous retrouverons bientôt dans le très-petit nombre de ceux qui ont abordé avec un esprit éclairé et judicieux le problème de la direcion des ballons.

En 1867 donc, M. Henry Giffard s'avisa de construire un

énorme ballon jaugeant cinq mille mètres cubes, et destiné à exécuter, à l'état captif, un nombre illimité d'ascensions, auxquelles pourraient prendre part, moyennant une modique rétribution, — un louis, je crois, — les amateurs d'émotions aériennes à dose modérée. Ce ballon fut installé près du Champ-de-Mars, dans une enceinte dépendant de l'usine de M. Flaud, constructeur de machines. Il était formé d'une double enveloppe de toile, dont les feuillets étaient réunis et soudés ensemble au moyen d'une solution de caoutchouc, et recouverte d'un vernis à l'huile de lin. Cette enveloppe parfaitement imperméable n'offrait aucune ouverture. On avait supprimé la soupape, devenue inutile, puisque le ballon, gonflé une fois pour toutes, devait être ramené à terre par une machine à vapeur. Le système destiné à le laisser monter et à le faire redescendre était aussi simple qu'ingénieux. Tous les éléments en avaient été calculés avec une précision rigoureuse, en vue de la facilité de la manœuvre et de l'entière sécurité des passagers. Le câble d'attache avait trois cent trente mètres de long; son diamètre était de huit centimètres à l'extrémité qui s'attachait à la nacelle, et de quatre seulement à l'autre extrémité. Sa résistance à la rupture était de cinquante mille kilogrammes au gros bout et de douze mille au petit, ce qui représentait une puissance égale à dix fois la force ascensionnelle du ballon. Le câble s'enroulait sur un treuil et passait de là sur une poulie dont la chape était fixée à un appareil articulé que l'on connaît en mécanique sous le nom de *charnière universelle* ou *genou de Cardan*. Une machine à vapeur de la force de cinquante chevaux mettait le treuil en mouvement. Il y avait place dans la nacelle pour vingt personnes. Nous avons dit que le ballon était gonflé une fois pour toutes. Nous devons ajouter que le gaz qui le remplissait n'était point du gaz d'éclairage, mais de l'hydrogène pur obtenu par la décomposition de l'eau sur le charbon incandescent.

Le ballon captif de M. Giffard fonctionna sans aucun accident pendant toute la durée de l'Exposition universelle de 1867; il enlevait à trois cents mètres de hauteur un nombre incalculable de visiteurs et de visiteuses. Après la clôture de l'exposition, il fut transféré à l'Hippodrome de la place d'Eylau, où il continua ses exercices pendant plusieurs mois encore, à prix réduit, si nous avons bonne mémoire : l'ascension ne coûtait plus, croyons-nous, que dix francs par personne.

Encouragé par ce succès, M. Giffard alla installer en 1869, à Londres, dans Ashburnam-Park, un autre ballon captif semblable à celui de l'Exposition de Paris, et qui fut inauguré le 3 mai. Le 27 du même mois, par une maladresse du mécanicien, ce ballon rompit son câble et s'élança du bond dans les nuages. Il n'y avait personne dans la nacelle; mais quand même celle-ci eût été chargée d'une cargaison humaine, — ce qui d'abord eût ralenti notablement son élan, — les voyageurs n'eussent couru aucun danger. M. Giffard, en effet, avait prévu l'accident et muni son aérostat de soupapes automatiques dont le jeu ne devait pas tarder, sous la pression même du gaz dilaté, à le faire redescendre.

Il tomba en effet, dit M. W. de Fonvielle (1), près de Linslow, à vingt lieues de Londres. Le morceau du câble qu'il avait arraché, long de cinquante mètres environ, lui servit de guide-rope, et il s'arrêta de lui-même dans une plaine, après avoir accompli quelques bonds vertigineux. A ce moment des paysans accourent et se cramponnent aux cordes; un enfant est déjà monté dans le filet. Voilà un coup de vent qui s'élève, le ballon s'agite et repart, tout le monde a lâché prise. Le malheureux enfant est resté dans le filet, son pied s'est emmêlé dans les cordages; il est suspendu à quarante mètres au-dessus du sol! L'aérostat retouche terre une seconde fois et l'enfant est sauvé; mais son sauveteur, en redescendant des cordes, tombe sur le sol et se brise une épaule. Il faisait nuit; un habitant monte à cheval et court chercher un médecin à la ville voisine. Sur la route il se précipite sur une voiture qu'il ne voyait pas; son cheval est embroché dans le brancard, tombe roide mort et casse le jambe à son cavalier. Le ballon était échoué près d'un grand chêne faisant partie d'une propriété appartenant à M. Henry Verney. Le colonel Pratt, de la milice du Buckshire, qui était accouru sur les traces du géant inconnu, lui fit passer la nuit sous la garde d'un piquet de quinze hommes. Le lendemain, il fit télégraphier aux pro-

(1) *Voyages aériens*, par MM. J. Glaisher, C. Flammarion, W. de Fonvielle et G. Tissandier. 1 vol. gr. in-8°, illustré. Paris, 1870. Librairie Hachette.

priétaire que son ballon était retrouvé... Le grand captif, bientôt réintégré dans son domicile, fut en mesure de reprendre ses fonctions.

Nous arrivons à l'emploi le plus important et le plus fécond, sans contredit, qui ait encore été fait des aérostats; nous voulons parler de leur application aux recherches scientifiques. Le physicien flamand Robertson et son compatriote Loest exécutèrent les premiers, à Hambourg, une ascension dans le but d'étudier de près les phénomènes météorologiques. Ils demeurèrent cinq heures en l'air, parcoururent une distance de cent kilomètres et se livrèrent à diverses observations sur le magnétisme terrestre et sur l'électricité, dont l'action leur parut s'affaiblir à mesure que le ballon s'élevait.

Robertson se rendit d'Allemagne en Russie. L'Académie des sciences de Saint-Pétersbourg l'invita à renouveler son expérience, ce qu'il fit en compagnie d'un membre de cette académie, M. Saccharoff, le 30 juin 1804. Les observations faites dans cette seconde excursion semblèrent confirmer les premières. Elles furent pourtant réfutées bientôt après par celles de Biot et Gay-Lussac, que l'Institut de France, sur la demande de Laplace et de Berthollet, chargea de vérifier les résultats obtenus par les savants étrangers.

Biot et Gay-Lussac partirent du Conservatoire des arts et métiers le 20 août 1804. Ils reconnurent dans leur voyage que, contrairement aux assertions de Robertson, les oscillations de l'aiguille aimantée sont, à cinq mille mètres au-dessus du sol, sensiblement les mêmes qu'à la surface de la terre; ils constatèrent en outre que l'électricité de l'atmosphère était négative, que sa quantité croissait avec la hauteur, et que plus ils s'élevaient, moins ils trouvaient d'humidité dans l'atmosphère. Leurs observations sur la décroissance de la température furent fort défectueuses.

Gay-Lussac exécuta seul, peu de jours après, une nouvelle ascension afin de compléter l'expérience; mais il ne remarqua aucun phénomène qui n'eût été déjà constaté, et cette deuxième série d'opérations ne fit que confirmer les résultats que nous avons énoncés.

Quelques années plus tard, un illustre voyageur, M. de

Humboldt, fit en Amérique un voyage aérien très-court et peu fructueux au point de vue scientifique.

Deux savants distingués, MM. Bixio et Barral, exécutèrent le 29 juin et le 26 juillet 1850 deux ascensions dont, par suite de circonstances défavorables, les résultats ne répondirent point à leur attente, mais qui empruntent à ces circonstances mêmes un vif intérêt.

La première fois, les hardis explorateurs partirent de la cour de l'Observatoire de Paris. Leur nacelle était garnie d'une magnifique panoplie d'instruments sortis des ateliers de l'ingénieur Régnault; mais le ballon était vieux et usé, le filet trop étroit et les cordes de suspension trop courtes, en sorte que la tête des voyageurs touchait presque la partie inférieure du globe; enfin le temps était pluvieux, et un vent violent avait, dès avant le départ, occasionné quelques déchirures dans le taffetas. En dépit de ces fâcheux pronostics, MM. Bixio et Barral ne voulurent point ajourner leur projet; à dix heures et demie du matin, les amarres furent coupées : le ballon s'éleva rapidement et disparut, aux yeux des spectateurs, dans des nuages épais, qu'il dépassa bientôt pour passer dans une atmosphère limpide. Les voyageurs commencèrent alors leurs observations, et malgré une température de 7° au-dessous de zéro, ils s'y livrèrent avec tant d'ardeur qu'ils négligèrent complétement le soin de leur machine, alors parvenue à une hauteur de cinq mille neuf cent quatre-vingt-trois mètres. Ils étaient assis dans leur nacelle; tout à coup l'un d'eux veut se lever, et s'aperçoit seulement ainsi de la situation critique où ils se trouvaient.

Dans cet air raréfié, l'hydrogène s'était considérablement dilaté; comme on avait oublié d'ouvrir à temps la soupape, le ballon, trop resserré dans son filet, avait dépassé le cercle, s'était distendu au-dessous, et pesait sur les aéronautes, menaçant de les enfermer et de les étouffer dans leur nacelle. En vain essayèrent-ils d'ouvrir la soupape pour donner issue au gaz : il était trop tard; la corde destinée à la faire jouer, retenue entre le filet et le ballon, résista à tous leurs efforts. M. Barral eut recours dans cette extrémité au procédé violent dont le duc de Chartres s'était jadis servi, comme on se le rappelle, dans un péril semblable, il saisit son couteau et le plongea dans le ballon au-dessus de sa tête. Le gaz s'échappant à longs flots par cette blessure inonda la nacelle, et les voyageurs pensèrent être asphyxiés. Tous deux furent pris de vomissements et perdirent connaissance. Cependant l'aérostat descendait avec vitesse : de là un courant d'air de bas en haut, qui chassa heureusement de la nacelle le fluide irrespirable. L'air rentrant dans leurs poumons, les voyageurs reprirent l'usage de leurs sens ; ils ouvrirent les yeux, et virent avec effroi que la déchirure faite dans le taffetas par M. Barral s'était agrandie d'une manière formidable : elle avait maintenant un mètre de longueur. Leur descente ressemblait à une chute, et déjà ils n'étaient plus qu'à une faible distance du sol. Ils purent néanmoins jeter à temps par-dessus le bord leur lest, leurs vêtements, en un mot, tout ce que contenait leur nacelle, à l'exception des instruments de physique, qu'ils ne voulaient sacrifier qu'à la dernière extrémité. Ils s'abattirent ainsi, sans secousse trop brusque, dans une vigne située près de Lagny (Seine-et-Marne). M. Barral seul avait le visage légèrement contusionné ; M. Bixio n'avait éprouvé aucun mal.

Après avoir vu leurs observations si brusquement et si désagréablement interrompues, MM. Barral et Bixio, loin de se tenir pour battus, voulurent renouveler leur entreprise, et tel était leur impatient désir de réparer leur échec, qu'ils se contentèrent de faire radouber à la hâte le ballon qui avait failli les faire périr, et se risquèrent une seconde fois sur cette frêle machine. C'était une grave imprudence ; mais nous savons déjà que l'amour de la science, aussi bien que celui de la gloire militaire, enfante des dévouements poussés jusqu'à la témérité.

Le 26 juillet comme le 29 juin, MM. Barral et Bixio eurent à braver non-seulement le mauvais état de leur navire, mais encore l'intempérie des éléments. Rien ne les arrêta. Aux représentations de leurs amis ils répondirent « qu'une atmosphère orageuse était aussi curieuse à explorer que l'azur d'un ciel tranquille ». A quatre heures ils quittaient la terre. Le vent soufflait de l'ouest avec force. Le ballon disparut dans les nuages à une hauteur de deux mille mètres. Les voyageurs voulaient traverser cette couche brumeuse : ils ne savaient pas qu'elle avait cinq mille mètres d'épaisseur. Comme ils y étaient plongés, le ballon se déchira à sa partie inférieure. Cet accident eût décidé à la retraite des hommes moins audacieux ; mais MM. Barral et Bixio ne songèrent qu'à prolonger et utiliser le plus possible une excursion qu'ils prévoyaient devoir durer peu. Ils jetèrent tout leur lest, à quelques kilogrammes près ; cette manœuvre, malgré la déperdition du gaz, les fit monter jusqu'à sept mille mètres. A cette hauteur, ils nageaient encore dans le nuage, qui, grâce à une température extraordinairement basse (trente-neuf degrés au-dessous de zéro), était entièrement formé de petites aiguilles de glace dont les observateurs furent bientôt couverts. On conçoit que dans un tel milieu, et par un froid aussi intense, il leur devint difficile de continuer leur travail, leurs doigts et leurs instruments refusant le service. Toutefois ils n'éprouvèrent aucun effet physiologique fâcheux, et purent admirer à l'aise les bizarres phénomènes que recélait la masse immense de vapeurs congelées au milieu de laquelle ils se trouvaient. Le soleil n'offrait à leurs yeux, au-dessus de leur tête, qu'un disque pâle, mat et dépourvu de rayons, et, par une sorte de mirage rarement observable, son image, réfléchie avec une ressemblance parfaite dans les petites aiguilles prismatiques dont les navigateurs étaient environnés, paraissait à ceux-ci située au-dessous d'eux à la même distance que l'astre lui-même était élevé au-dessus. Cependant, le gaz s'échappant toujours par l'ouverture dont nous avons parlé, le ballon redescendait. Sa vitesse accélérée obligea bientôt les aéronautes à jeter ce qui restait de leur lest, ainsi que tous les autres objets inutiles, moyennant quoi leur abordage s'effectua sans avarie au hameau de Peux, arrondissement de Coulommiers (Seine-et-Marne). Le voyage avait duré une heure et demie ; la distance parcourue était de soixante-neuf kilomètres.

Les ascensions scientifiques furent, on ne saurait dire pourquoi, fort délaissées en France pendant quelques années. Il semblerait que nos savants, même après l'exemple donné par des hommes tels que Biot et Gay-Lussac et suivi par MM. Bixio et Barral, aient eu quelque répugnance à se servir d'un moyen d'observation auquel pourtant aucun autre ne peut être comparé pour l'éclaircissement de certains problèmes se rattachant soit à la physique du globe, soit à l'astronomie. C'est en Angleterre qu'une impulsion décisive a été donnée à ce genre de recherches, sous les auspices de l'Association britannique. Cette association possède, près de Kew, un observatoire météorologique dirigé par un comité permanent qui porta de bonne heure son attention sur l'emploi des ballons pour les observations, et chargea d'abord un de ses membres, M. Welsh, chef des travaux météorologiques, d'exécuter des ascensions avec l'aide du célèbre aéronaute Green, et de M. Vuklin, attaché à l'Observatoire. La première ascension eut lieu le 17 août 1852 à quatre heures du soir. Une heure après, les aéronautes descendaient dans le comté de Cambridge à cinquante-sept milles de leur point de départ. Ils s'étaient élevés à une hauteur assez médiocre. Ils furent plus heureux dans les ascensions suivantes, sans cependant dépasser jamais l'altitude à laquelle étaient parvenus MM. Bixio et Barral. Mais sur ces entrefaites, M. Welsh, absorbé d'ailleurs par le soin d'organiser les instruments magnétiques de Kew, tomba malade, et les ascensions furent interrompues jusqu'en 1858. A cette époque, eut lieu à Heeds un meeting de l'Association britannique, où sur la proposition du colonel Sykes, membre de la Société royale de Londres et de la Chambre des communes, un comité spécial des ballons fut constitué.

Le 15 août de l'année suivante, le « comité des ballons » se réunissait dans l'usine à gaz de Wolverhampton, pour assister au premier départ, lequel fut empêché par un accident. C'était encore le vieux Green que le comité avait choisi pour son aéronaute; mais Green arrivait avec un ballon qui lui avait déjà servi pour un grand nombre d'ascensions, et qui fut déchiré par un coup de vent pendant qu'on était en train de le gonfler. Un autre ballon, *le Royal-Cremorne*, fut mis à la disposition du comité par l'aéronaute Lithgoe, en compagnie duquel M. Creswick tenta, le 25 mars, une ascension arrêtée encore par le mauvais état de la machine. M. Lithgoe avoua, après cet échec, que le *Royal-Cremorne* lui servait depuis treize ans à exécuter des ascensions dans les bals publics, et il conseilla de s'adresser à son confrère Coxwell, possesseur, dit-il, d'un ballon presque neuf et de grandes dimensions, appelé *le Mars*.

Le comité, sagement, préféra faire construire par M. Coxwell un ballon neuf, beaucoup plus grand que ceux dont on faisait usage dans les fêtes publiques. Ce ballon fut amené à Wolverhampton le 30 juin 1862. Il jaugeait deux mille cinq cents mètres cubes environ. Il était fait d'une étoffe très-résistante appelée *american-cloth*, et n'avait coûté que 2,500 francs. On procéda aussitôt au gonflement. Le ballon était monté par M. Coxwell et par M. J. Glaisher, savant météorologiste qui s'est acquis, à partir de ce moment, par ses observations aérostatiques, une juste renommée. M. Glaisher a donné, dans le volume que nous avons cité plus haut, le récit détaillé des trente excursions qu'il a exécutées de 1862 à 1865, et exposé les précieux résultats dont il a enrichi la science. L'analyse de son remarquable travail nous entraînerait à dépasser et les limites et la portée de cette modeste notice. Qu'il nous suffise de dire que M. Glaisher s'est élevé à des hauteurs dont aucun aéronaute avant lui n'avait approché. Dans son voyage du 30 juin 1862 notamment, il a atteint une altitude de huit mille mètres, et dans celui du 5 septembre de la même année, son ballon l'emporta, avec M. Coxwell, jusqu'à une hauteur de près de onze mille mètres, égale à celle du plus haut pic des Pyrénées, ajoutée à celle du plus haut pic de l'Himalaya.

C'est à huit mille huit cent trente-huit mètres que M. Glaisher put, ce jour-là, faire la dernière observation : il était alors une heure cinquante-quatre minutes. Ses bras et ses jambes refusaient déjà d'obéir à sa volonté ; ses yeux se couvraient d'un voile. Bientôt il tomba dans un engourdissement léthargique ; tandis que Coxwell, à qui ses mains refusaient aussi le service, tirait désespérément avec ses dents la corde de la soupape pour faire redescendre l'aérostat. Il a supposé que une à deux minutes s'écoulèrent avant que ses yeux cessassent de voir les petites divisions des thermomètres, et qu'un même laps de temps s'écoula encore avant son évanouissement, qui dut avoir lieu à une heure cinquante-sept minutes. Lorsque, le ballon s'étant enfin mis à redescendre rapidement, M. Glaisher revint à lui et put reprendre ses observations, il était deux heures sept minutes ; l'aérostat était retombé à sept mille deux cents mètres, et sa chute continuait avec une vitesse de six cent dix mètres par minute ; tandis qu'au moment de l'évanouissement de M. Glaisher, treize minutes auparavant, il montait à raison de trois cent huit mètres par minute. Ces chiffres ont fourni à M. Glaisher les éléments du calcul qui lui a permis de calculer la hauteur extraordinaire à laquelle il était parvenu.

Les aéronautes avaient emporté avec eux six pigeons pour les lancer successivement dans l'air lorsqu'ils seraient arrivés à des hauteurs assez grandes. « Nous jetâmes le premier, dit M. Glaisher, à quatre mille huit cent sept mètres : il étendit ses ailes, mais il ne put se soutenir et tomba comme une feuille de papier. Le second, qui fut jeté à six mille quatre cent trente-sept mètres, ne se laissa point entraîner si facilement; il tourbillonna en volant avec vigueur. Probablement il tournait sur lui-même chaque fois qu'il plongeait malgré lui. Peut-être en se livrant à cette valse étrange trouvait-il le moyen de résister à l'effrayante aspiration. Le troisième fut jeté avant d'arriver au niveau de huit mille quarante-huit mètres. Il tomba comme une pierre et disparut rapidement. Nous gardâmes les trois pigeons qui nous restaient pour la descente, mais nous trouvâmes qu'un d'eux était mort dans sa cage, et qu'un autre ne valait guère mieux. Quand je le tirai de sa cage, il refusa de s'envoler. Ce n'est qu'après un quart d'heure de repos qu'il commença à donner des coups de bec sur un ruban rose qu'il portait autour du cou. C'était un pigeon voyageur qui, une fois remis, vola avec une grande rapidité dans la direction de Wolverhampton.

« Le dernier pigeon fut lâché à la hauteur de six mille quatre cent trente-sept mètres, à un moment où nous descendions avec rapidité. Alors maître pigeon, qui me paraît avoir été un des plus malins de sa race, prit un bon parti; il ne tarda pas à se percher sur le haut du ballon. De tous les pigeons lancés pendant le voyage, un seul revint à Wolverhampton, dans le courant de la journée du dimanche. Je ne serais point étonné que ce fût ce pigeon si intelligent. »

En France, l'aérostation scientifique a été reprise et l'on peut dire relevée, vers l'année 1865, avec beaucoup d'intelligence et de zèle, par MM. Camille Flammarion, Wilfrid de Fonvielle et Gaston Tissandier, qui ont accompli des ascensions très-nombreuses, parfois très-hardies, et apporté à la météorologie, à la physique et à l'astronomie un large contingent d'observations précises et originales.

Cependant aucun de ces aéronautes n'avait approché des altitudes prodigieuses où s'était aventuré l'illustre météorologiste anglais, lorsqu'au printemps de l'année 1875, la *Société française de navigation aérienne* organisa deux ascensions ayant chacune un but spécial, et devant s'effectuer avec tous les moyens d'observation propres à les rendre aussi fructueuses que possible pour la science. L'une devait être de longue durée ; l'autre à grande hauteur. La Société pensait avec raison que, pour faire en ballon des observations d'une valeur positive, il faut, d'une part, si l'on ne s'élève pas à de grandes hauteurs, séjourner longtemps dans l'atmosphère, afin de se bien rendre compte des modifications que subissent les courants aériens sur un parcours étendu, et que d'autre part, si l'ascension est de courte durée, elle ne peut offrir d'intérêt qu'à la condition de porter les observateurs dans les couches supérieures de notre enveloppe gazeuse. Là, en effet, un long séjour est impossible; les observations doivent être rapides, et il est nécessaire de les répéter dans un certain nombre d'ascensions successives, afin de les contrôler les unes par les autres. C'est ainsi que l'ascension à grande hauteur projetée par la Société française de navigation aérienne devait servir à vérifier les résultats obtenus par M. Glaisher.

L'ascension de longue durée eut lieu, les 26 et 27 mars, à bord du ballon *le Zénith*, appartenant à l'aéronaute Charles Sivel. Cet aérostat avait dix-huit mètres de diamètre, et cubait trois mille mètres. Il était très-léger, très-imperméable, et pourvu d'un *guide-rope* très-fin, de douze cents mètres de long. Le guide-rope est au ballon ce que la *queue* est au cerf-volant; il empêche les mouvements gyratoires de la machine et en maintient l'équilibre. « Le guide-rope, a dit M. Glaisher, est dans la navigation aérienne ce que les ressorts sont dans la carrosserie, et le nom de Green restera attaché à l'invention du seul organe qui constitue un progrès sensible sur le ballon, tel qu'il sortit du cerveau de Charles. »

Les voyageurs du *Zénith*, pour cette première excursion, étaient MM. Sivel, Gaston et Albert Tissandier, Joseph Crocé-Spinelli et Jobert. Les dimensions de la nacelle (deux mètres quatre-vingts de long sur un mètre soixante de large) leur permettaient de s'y placer à l'aise et d'emporter, pour les observations de pression et de température, pour l'éclairage nocturne par l'électricité, pour l'analyse de l'air, pour les études spectroscopiques, etc., un grand nombre d'instruments, dont quelques-uns assez volumineux et assez pesants. Le départ s'effectua, à six heures du soir, à l'usine à gaz de la Villette, au milieu de circonstances d'un fâcheux augure. Le gonflement avait été pénible; la violence du vent avait failli plusieurs fois déchirer l'aérostat; des cordes s'étaient rompues; l'on avait dû renoncer à l'emploi de deux *ballons-sondes* imaginés par M. Sivel et destinés à faire connaître les directions et les vitesses relatives des vents supérieurs et inférieurs. Les aéronautes ne se laissèrent pas effrayer par ces mauvais présages. Le ballon, une fois abandonné à lui-même, suivit, dans la direction du sud-ouest, une marche paisible et régulière, et il atterrit sans accident, le lendemain à cinq heures du soir, à Monplaisir, non loin du bassin d'Arcachon, après un séjour dans l'atmosphère de vingt-deux heures quarante minutes. C'était le plus long voyage aérien qui eût encore été accompli. Les aéronautes purent tracer avec une rigoureuse exactitude le diagramme de leur trajectoire, en reconnaissant les localités sur le sol, en faisant le point, et en compulsant, au retour, les quatre-vingt-sept imprimés qui, jetés de la nacelle, avaient été renvoyés à Paris avec des indications complètes. Les *Comptes rendus de l'Académie des sciences* (livraison du 5 avril 1875, t. LXXX, p. 166) contiennent la relation détaillée de cette excursion et des expériences et observations exécutées par MM. G. Tissandier et Crocé-Spinelli, avec diagrammes et dessins. Pendant toute la durée du voyage, M. Albert Tissandier avait retracé les scènes aériennes qui méritaient d'être mises sous les yeux des savants, telles que déformations du soleil et de la lune, couronne, croix, etc.

En somme, la traversée de Paris au bassin d'Arcachon, bien que fort longue, fut ce que les marins appellent « une traversée de demoiselle »; elle faisait augurer à merveille de celle qui devait la suivre, et dont les préparatifs se firent sans perdre un moment. Le temps était magnifique : on voulait en profiter. Cette fois rien ne manquait aux aéronautes; rien ne vint contrarier les apprêts du départ. Comme il fallait qu'on pût alléger le ballon afin que sa course ascensionnelle ne fût limitée que par la seule volonté des aéronautes, deux de ceux qui avaient pris part à la première expédition renoncèrent non sans regret à se joindre à la seconde : ce furent MM. Albert Tissandier et Jobert. On les remplaça par des sacs de lest, les uns placés au fond de la nacelle, les autres amarrés en dehors par des cordelettes qu'il suffisait de couper. D'après les indications d'un savant physiologiste, M. Paul Bert, on emportait, attachés aussi à la nacelle, de petits ballons remplis de gaz oxygène et munis de tubes d'aspiration, pour suppléer, dans les couches très-raréfiées, à l'insuffisance de l'air respirable. On emportait, en outre, des *baromètres témoins à minima,* destinés à indiquer automatiquement le minimum de pression et, par conséquent, le maximum d'altitude qui aurait été atteint. Ces baromètres étaient contenus dans une caisse scellée, qui ne devait être ouverte qu'au retour, en présence de l'Académie des sciences.

Le Zénith, monté par MM. Gaston Tissandier, Sivel et Crocé-Spinelli, s'éleva de l'usine à gaz de la Villette à onze heures trente-cinq minutes du matin, le jeudi 15 avril; jour à jamais néfaste dans les annales de l'aérostation! Quatre heures et demie plus tard, le ballon retombait près du village de Ciron, dans le département de l'Indre. Des trois courageux explorateurs qui étaient partis le matin pleins de vie, de jeunesse et d'espoir, deux n'étaient plus que des cadavres. Le seul survivant, M. Gaston Tissandier, n'avait que des contusions et des écorchures, reçues au moment de l'atterrissement, et une fièvre violente, résultat inévitable des souffrances physiques et des cruelles émotions de ce tragique voyage. Il fut recueilli dans une ferme du voisinage, où les soins ne lui manquèrent point. Les cadavres de ses malheureux compagnons furent déposés dans une grange, en attendant qu'on pût les enlever et les rapporter à Paris. Le lendemain, M. Gaston Tissandier était rejoint par son frère Albert, qu'accompagnaient quelques amis. Dès la veille il avait adressé au président de la Société de navigation aérienne une lettre relatant les péripéties de ce funeste voyage. La voici :

« Ciron (Indre), 16 avril 1875.

« *A M. le président de la Société française de navigation aérienne.*

« Cher monsieur,

« Un télégramme envoyé par voie officielle vous a appris l'épouvantable malheur qui nous a frappés.

« Sivel et Crocé-Spinelli ne sont plus. L'asphyxie les a saisis dans les hautes régions de l'air que nous avons atteintes. Je vous dirai ce que je puis savoir de ce drame; car, pendant deux heures consécutives, je me suis trouvé dans un état d'anéantissement complet.

« L'ascension de l'usine à gaz de la Villette s'est bien accomplie; à une heure de l'après-midi, nous étions déjà à plus de cinq mille mètres (pression quatre cents millimètres).

« Nous avions fait passer l'air dans les tubes à potasse, tâté nos pulsations, mesuré la température intérieure du ballon, qui était de plus de vingt degrés, tandis que l'air extérieur était de cinq degrés. Sivel avait arrimé la nacelle; Crocé s'était servi de son spectroscope. Nous nous sentions tout joyeux.

« Sivel jette du lest; bientôt nous montons, tout en respirant de l'oxygène, qui produit un excellent effet.

« A une heure vingt, le baromètre marque trois cent vingt millimètres. Nous sommes à l'altitude de sept mille mètres. La température est de dix degrés. Sivel et Crocé sont pâles et je me sens faible. Je respire de l'oxygène, qui me ranime un peu. Nous montons encore.

« Sivel se tourne vers moi et me dit : « Nous avons beaucoup de lest; faut-il en jeter? » Je lui réponds : « Faites « ce que vous voudrez. » Il se tourne vers Crocé, lui fait la même question. Crocé baisse la tête avec un signe d'affirmation très-énergique.

« Il y avait dans la nacelle au moins cinq sacs de lest (le sac de lest pèse vingt-cinq kilogrammes); il y en avait quatre au moins pendus en dehors par des cordelettes.

« Sivel saisit son couteau et coupe successivement trois cordes. Les trois sacs se vident et nous montons rapidement. Je me sens tout à coup si faible, que je ne peux même pas tourner la tête pour regarder mes compagnons qui, je crois, se sont assis. Je veux saisir le tube à oxygène, mais il m'est impossible de lever le bras. Mon esprit était encore très-lucide. J'avais les yeux sur le baromètre et je vois l'aiguille passer sur le chiffre de la pression deux cent quatre-vingt-dix, puis deux cent quatre-vingts, qu'elle dépasse. Je veux m'écrier : « Nous sommes à huit mille mètres, » mais ma langue est comme paralysée. Tout à coup je ferme les yeux et je tombe inerte, perdant absolument le souvenir. Il était environ une heure et demie.

« A deux heures huit minutes, je me réveille un moment. Le ballon descendait rapidement ; j'ai pu couper un sac de lest pour arrêter la vitesse et écrire sur mon registre de bord les lignes suivantes que je recopie :

« Nous descendons. Température huit degrés. Je jette « lest. Hauteur trois cent quinze. Nous descendons. Sivel « et Crocé encore évanouis au fond de la nacelle. Descen- « dons très-fort. »

« A peine ai-je écrit ces lignes qu'une sorte de tremblement me saisit et je retombe évanoui encore une fois. Je ressentais un vent violent qui indiquait une descente très-rapide.

« Quelques moments après je me sens secoué par le bras et je reconnais Crocé qui s'est ranimé. « Jetez du lest, me dit-il, nous descendons. » Mais c'est à peine si je puis ouvrir les yeux, et je n'ai pas vu si Sivel était réveillé.

« Je me rappelle que Crocé a décroché l'aspirateur, qu'il a jeté par-dessus le bord, et qu'il a jeté du lest, des couvertures, etc. Tout cela est un souvenir extrêmement confus qui s'éteint vite, car je retombe dans mon inertie plus complétement encore qu'auparavant, et il me semble que je m'endors d'un sommeil éternel.

« Que s'est-il passé? Je suppose que le ballon délesté, imperméable comme il l'était, et très-chaud, a remonté encore une fois dans les hautes régions. A trois heures quinze environ, je rouvre les yeux, je me sens étourdi, affaissé ; mais mon esprit se ranime. Le ballon descend avec une vitesse effrayante. La nacelle est balancée avec violence et décrit de grandes oscillations. Je me traîne sur mes genoux et je tire Sivel par le bras ainsi que Crocé : « Sivel, Crocé ! » m'écriai-je, réveillez-vous. Mes deux compagnons étaient accroupis dans la nacelle, la tête cachée dans leur manteau. Je rassemble mes forces et j'essaie de les soulever ; Sivel avait la figure noire, les yeux ternes, la bouche béante et remplie de sang. Crocé-Spinelli avait les yeux fermés et la bouche ensanglantée.

« Vous dire ce qui se passa alors m'est impossible. Je ressentais un vent effroyable de bas en haut. Nous étions encore à six mille mètres d'altitude. Il y avait dans la nacelle deux sacs de lest que j'ai jetés. Bientôt la terre se rapproche ; je veux saisir mon couteau pour couper la cordelette : impossible de le retrouver.

« J'étais comme fou et continuais à appeler : Sivel ! Sivel ! Par bonheur, j'ai pu mettre la main sur un couteau et détacher l'ancre au moment voulu. Le choc à terre fut d'une violence extrême. Le ballon sembla s'aplatir, et je crus qu'il allait rester en place ; mais le vent était violent et l'entraîna. L'ancre ne mordait pas, et la nacelle glissait à plat sur les champs. Les corps de mes malheureux amis étaient cahotés çà et là, et je croyais à tout moment qu'ils allaient tomber de la nacelle. Cependant j'ai pu saisir la corde de la soupape, et le ballon n'a pas tardé à se vider, puis à s'éventrer contre un arbre. Il était quatre heures.

« En mettant pied à terre, j'ai été saisi d'une surexcitation fébrile, violente, et bientôt je me suis affaissé en devenant livide. J'ai cru que j'allais rejoindre mes amis dans l'autre monde.

« Cependant je me remis peu à peu. J'ai été auprès de mes malheureux compagnons, qui étaient déjà froids et crispés. J'ai fait porter leurs corps à l'abri dans une grange voisine. Les sanglots m'étouffaient et m'étouffent encore.

« Je suis à Ciron, près le Blanc, où j'ai trouvé l'hospitalité parfaite.

« J'ai eu la fièvre toute la nuit. Je n'ai pas encore pu manger quoi que ce soit, et je suis bien faible.

« Je vous embrasse,

« GASTON TISSANDIER. »

Il faut noter ici que des trois voyageurs, M. Gaston Tissandier était celui que sa complexion délicate faisait regarder comme le moins capable de supporter la terrible expérience physiologique à laquelle lui et ses compagnons se soumettaient si courageusement. Ce fut ce qui le sauva. On vient de voir, en effet, qu'à l'altitude de huit mille mètres ses forces l'abandonnèrent, qu'il demeura environ deux heures dans un état d'anéantissement, d'où il sortit à peine un moment pour écrire quelques lignes sur son registre, et retomber aussitôt dans sa léthargie. Or pendant ces deux heures, ses fonctions physiologiques étant presque entièrement suspendues, il ne périt pas, par cette simple raison qu'il n'avait pas besoin de vivre. Ses compagnons, au contraire, plus robustes que lui, résistèrent mieux d'abord à l'action délétère du milieu raréfié; mais l'un moins expérimenté, tous deux doués de moins de sang-froid que M. Tissandier, manœuvrèrent au hasard et à contre-temps. D'abord ils jettent du lest sans discernement pour monter le plus haut possible; puis, arrivés à une altitude qu'ils sont hors d'état de mesurer, et sentant que leurs forces les abandonnent, ils ouvrent la soupape toute grande, s'évanouissent. Le ballon descend à toute vitesse; Crocé et Sivel reprennent leurs sens; mais, effrayés de la rapidité de leur descente, et sans songer qu'ils sont encore à six mille ou sept mille mètres au-dessus du niveau de la mer, les voilà qui jettent par-dessus bord non-seulement tout le lest contenu dans la nacelle, mais leur aspirateur, un instrument du poids de quarante kilogrammes! Le ballon, ainsi allégé subitement, remonte comme une flèche. Emportés de nouveau dans une région où la vie est impossible, ils meurent sans avoir eu la force de recourir à leur provision d'oxygène, qui, d'ailleurs, ne les eût point sauvés, ainsi que le déclarèrent quelques jours après, à l'Académie de médecine, les docteurs Woillez, Colin et Larrey.

La respiration, en effet, n'était que peu ou point intéressée, selon le docteur Woillez, dans le cas dont il s'agit. Trompés par les affirmations systématiques d'un physiologiste célèbre, les malheureux aéronautes croyaient n'avoir à se préoccuper que du *phénomène chimique* de l'oxygénation du sang, et nullement du *phénomène mécanique* de la pression atmosphérique.

« La mort des deux explorateurs, il faut qu'on le sache bien, dit le docteur Colin, n'a pas été causée par défaut d'air, par insuffisance d'oxygène. A sept mille mètres, la densité de l'air est diminuée de moitié, et la quantité d'oxygène existant dans un volume donné d'air est diminuée dans la même proportion; mais la diminution de l'oxygène ne peut être une cause de mort. Nous savons par expérience que l'homme est capable, sans grand malaise, de respirer quelque temps dans une atmosphère ne contenant que la moitié de l'oxygène normal. Toutes les inspirations possibles d'oxygène n'auraient pu conjurer cette exsudation mortelle du sang par les muqueuses de la bouche et du poumon, qui est causée par le défaut de pression. »

Enfin, M. le docteur Larrey conseilla sagement aux aéronautes de se « défier des ballonnets d'oxygène, qu'on leur avait trop vantés »; « et, ajouta-t-il, s'il y a quelque utilité à atteindre l'altitude de sept mille mètres, ne la dépassez jamais. »

On objectera sans doute que MM. Glaisher et Coxwell l'ont dépassée de beaucoup; que le premier en fut quitte pour un évanouissement de quelques minutes, et que le second n'éprouva qu'un engourdissement des bras. Ceci tient sans doute à ce que leurs ascensions furent beaucoup moins rapides que celle de MM. Crocé, Sivel et Tissandier, et qu'ils eurent toujours le temps de s'habituer graduellement à un mode d'existence tout à fait anormal en lui-même. C'est la décompression trop brusque qui a comme foudroyé les malheureux Sivel et Crocé-Spinelli. A quel moment? nul ne peut le dire. Leur camarade, lorsqu'il revint à lui, les trouva blottis au fond de la nacelle, et il ne put, en écartant leurs manteaux, dont ils s'étaient enveloppés comme d'un linceul pour mourir, que constater l'état affreux de leur visage, noirci par l'extravasion du sang qui sortait du nez et de la bouche.

Les corps de ces malheureux furent ramenés à Paris, où ils reçurent des honneurs mérités. Des discours furent prononcés sur leur tombe par le président du conseil municipal, M. le docteur Thulié, et par MM. Hureau de Villeneuve, secrétaire, et Hervé-Mangon (de l'Académie des sciences), président de la Société française de navigation aérienne. A l'Académie des sciences, dans la séance du lundi 19 avril, le président, M. Frémy, prit la parole et s'exprima en ces termes :

« Messieurs,

« Il y a quelques semaines, j'essayais d'interpréter les sentiments de l'Académie en félicitant les braves voyageurs des expéditions du passage de Vénus, qui avaient entrepris de dures traversées vers des pays lointains, pour soutenir l'honneur de la science française. Aujourd'hui, devant la catastrophe cruelle qui vient de frapper deux hommes d'élite, pleins d'ardeur et de courage, la voix me manque, et je ne fais que partager la douleur que vous ressentez tous si vivement.

« Au nom de l'Académie, je déclare que Crocé-Spinelli

et Sivel se sont conduits en braves soldats, et sont morts au champ d'honneur. Le pays reconnaissant saura rendre hommage à leur mémoire et continuer envers leurs familles la dette de dévouement que, nous le savons maintenant, ils acquittaient avec tant de noblesse. Pour nous, nous ne pouvons songer sans fierté à leur sublime et dernier effort. Nous gardons leurs noms pour les inscrire sur la liste des martyrs de la science! »

Ce fut seulement dans la séance suivante (du lundi 27 avril), que l'Académie entendit le rapport de M. Gaston Tissandier, et procéda à l'ouverture de la caisse contenant les baromètres témoins. Ces baromètres, au nombre de six, étaient noyés dans de la sciure de bois, afin de prévenir, autant que possible, la rupture des tubes. Malgré cette précaution, trois avaient été brisés, probablement par les chocs violents de l'atterrissage. Des trois autres, l'un marquait une pression *minima* de deux cent soixante-deux millimètres, correspondant à une altitude de huit mille six cents mètres; l'autre s'était arrêté à deux cent soixante-quatre millimètres, indiquant l'altitude de huit mille cinq cent quarante mètres. Le troisième, ayant été sans doute dérangé par les secousses, donnait une indication dont on ne put tenir aucun compte. L'Académie conclut donc, d'après la lecture des deux seuls instruments demeurés en bon état, que les aéronautes du *Zénith* s'étaient élevés à une altitude comprise entre huit mille cinq cent quarante et huit mille six cents mètres.

Les baromètres témoins dont nous venons de parler sont des baromètres à mercure. Ils diffèrent des baromètres ordinaires en ce que la chambre barométrique, au lieu d'être vide, contient une certaine quantité d'air, capable de faire équilibre à une pression extérieure déterminée. Cette disposition permet de réduire à cinquante centimètres environ la longueur du tube, qui, dans les baromètres ordinaires, n'a pas moins de quatre-vingt-cinq centimètres; en outre la cuvette, à la pression normale, est entièrement remplie par le mercure. Enfin cette cuvette est fermée à la partie supérieure, mais le fond est percé de petits trous capillaires dont la bavure est dirigée en dedans. On comprend sans peine le mode de fonctionnement de cet appareil, aussi simple qu'ingénieux. A la pression normale, ou, *a fortiori*, à une pression supérieure, le mercure est maintenu dans la cuvette, et peut même monter un peu dans le tube. Mais la pression extérieure vient-elle à diminuer, celle qu'exerce de haut en bas, en se dilatant, l'air contenu dans la *chambre* refoule le mercure, qui sort par les trous capillaires. Plus la pression extérieure diminue, plus le mercure est refoulé; et comme toute dépression amène forcément l'expulsion d'une quantité proportionnelle du métal liquide, celui-ci ne peut plus remonter. La division où la colonne s'est arrêtée, après une série quelconque d'expériences, indique donc exactement le minimum de pression que l'instrument a subi.

Terminons ce chapitre par une courte notice biographique sur les deux braves et malheureux compagnons de M. Gaston Tissandier.

Théodore Sivel était âgé de trente-huit ans. Il avait été capitaine au long cours, puis commerçant dans nos colonies. Après avoir géré à la Réunion les propriétés de M. la Serve, député de cette colonie à l'Assemblée nationale de 1871, il avait accompagné le commandant Lambert dans son ambassade auprès du roi madécasse Radama, puis dirigé une plantation à Nossibé. Revenu enfin en France, il épousa la fille de Mme Poitevin, la célèbre aéronaute. Il se consacra dès lors à l'aéronautique et acquit dans cet art une grande habileté. Il avait exécuté, dit-on, plus de cent ascensions, dont quelques-unes au-dessus de la mer. C'était un homme intelligent, d'une rare énergie et d'une bravoure à toute épreuve.

Quant à Joseph Crocé-Spinelli, c'était un jeune homme, à peine âgé de trente ans, ancien élève de l'École centrale, ingénieur distingué et passionné pour les recherches scientifiques. Les observations aérostatiques l'avaient particulièrement séduit, et il s'y livrait avec une ardeur toute juvénile. Cependant il n'en était qu'à sa quatrième ascension.

« Tout porte à croire, disait, le lendemain de la fatale ascension, M. Albert Tissandier, que l'infortuné Crocé-Spinelli a été cause du désastre : il ne connaissait rien aux mille détails qui constituent la manœuvre d'un aérostat. Je crains qu'il n'ait tout perdu. »

C'est lui, en effet, on se le rappelle, qui, pendant la syncope de ses deux amis, jeta le lest et les instruments, pour conjurer une chute qui n'était rien moins qu'imminente, et relança le ballon dans le vide où lui et Sivel devaient périr asphyxiés. Hélas! la légende de Phaéton est une histoire vraie, et de tous les temps!

X

La navigation aérienne. — Le problème de la direction des ballons. — Essais de solution. — Guyton-Morveau. — Meusnier. — Monge. — Jacob Degen. — Pauly. — Lennox. — Hanson. — Petin, etc. — Les ballons dirigeables de MM. Henri Giffard, Dupuy de Lôme et Hanlein. — L'*aviation* et l'*hélice*. — Le rêve de M. Nadar. — Conclusion.

Il nous reste, pour justifier le titre de cet opuscule, à consacrer un dernier chapitre au problème si souvent posé et discuté de la *navigation aérienne*. Car ce n'est que par une pure onomatopée que l'on applique à l'aérostat, au ballon, le nom de navire aérien. Le ballon n'est pas un navire : il ne navigue pas plus que le bouchon de liége jeté dans la rivière; et encore le bouchon de liége a-t-il cet avantage qu'au moins il est assuré de ne pas couler à fond. M. Nadar, dont nous avons parlé, et dont nous reparlerons tout à l'heure, a cru dire au ballon son fait en lui lançant dans un de ses écrits, *le Droit au vol*, croyons-nous, cette rude apostrophe: *Tu es une bouée, et tu crèveras bouée.* M. Nadar a flatté le ballon : le ballon fait naufrage; la bouée, point; le ballon crève, la bouée ne crève pas. La vérité est que le ballon, en dépit des quelques services qu'il a pu et pourra rendre encore à l'art militaire et à la science spéculative, a été jusqu'ici le plus fragile, le plus cher et le plus dangereux des moyens de locomotion; nous ajouterons : le plus décevant et le plus humiliant.

Si jamais, en effet, espérances ont été trompées, ce sont bien celles que firent naître à leur début et qu'inspirent encore à certains esprits ces outres gonflées de gaz; et s'il est une invention en présence de laquelle le génie humain ait lieu de faire acte de modestie, c'est bien encore le ballon.

Cet appareil est demeuré, on l'a vu, un siècle bientôt après sa naissance, ce qu'il était au moment où, selon l'expression de M. Glaisher, il sortit tout armé du cerveau de Charles. Avec lui, on sait bien d'où l'on veut partir, mais on n'est pas assuré de partir : un coup de vent, une déchirure de la soie, une corde rompue peut tout faire manquer. Une fois dans la nacelle et le commandement de *lâchez tout* prononcé, on part; mais on ne sait où l'on va ni si l'on arrivera quelque part. Ce n'est pas l'homme qui conduit le ballon, c'est le ballon qui dispose de l'homme; et qui dispose du ballon? le vent. Le sage de l'antiquité s'efforçait de soumettre les choses à lui-même et non lui-même aux choses.

Et mihi res, non me rebus submittere conor.

Ici l'homme humblement se confie à la chose : il lui appartient, elle fait de lui ce qu'elle veut.

On nous répondra que cela est ainsi maintenant, parce que le problème de la direction des aérostats n'est pas encore résolu; mais qu'un jour viendra... Mon Dieu! il y a, nous le répétons, près d'un siècle que l'on dit cela; il y a près d'un siècle que l'on attend et que l'on cherche la solution. L'a-t-on trouvée? Est-on sur le point de la trouver? Est-on seulement dans la voie qui peut y conduire? Telles sont les questions que nous allons examiner.

Rappelons d'abord quelques-unes des tentatives qui ont été faites, depuis l'origine de l'aérostation, en vue de répondre au grand *desideratum* de la direction des ballons. Les tentatives ont été fort nombreuses, mais si souvent semblables entre elles et si uniformément vaines, qu'il nous suffira, pour les faire connaître toutes, d'indiquer seulement celles qui ont eu la fortune d'attirer plus particulièrement l'attention des contemporains.

Nous avons parlé, au chapitre V, des expériences faites par Guyton-Morveau et Bertrand pour le compte de l'Académie de Dijon, et du peu de fruit qu'on en retira. Dans le même temps, le géomètre Meusnier mit au jour, sur la construction et la manœuvre des aérostats, un travail fort étendu, auquel il faut reconnaître une certaine valeur théorique, et qui avait le mérite de reposer sur une donnée fournie par l'observation. Meusnier voulait se diriger par les courants atmosphériques. Il proposait deux ballons concentriques, gonflés l'un et l'autre de gaz hydrogène, mais laissant entre eux un espace rempli d'air. C'est en diminuant ou en augmentant au moyen d'une pompe cette couche d'air interposée, que, sans lest ni soupape, Meusnier espérait accroître ou affaiblir le poids spécifique total de la machine, partant descendre ou monter, et se placer à volonté dans le courant favorable à la direction qu'il voudrait suivre. Dans ce système, la marche du ballon devait être accélérée par des ailes de moulin, dont l'axe devait être mise en mouvement par les bras de l'équipage.

Monge projetait un chapelet flexible de vingt-cinq ballons, ayant chacun sa nacelle montée par deux hommes; ce chapelet devait ramper dans l'air, comme l'anguille dans l'eau. Il ne fut point construit.

A la suite de ces hommes dont l'erreur avait du moins un caractère scientifique respectable, vinrent des utopistes qui, en dépit des leçons de l'expérience et des lois de la mécanique, voulurent diriger les ballons à l'aide de rames, de voiles et d'ailes adaptées à la nacelle. Nous ne les citons que pour mémoire.

Jacob Degen, horloger suisse, après avoir vainement essayé de voler au moyen d'ailes en jonc et en papier, s'avisa de se suspendre à un ballon avec son appareil. Il exécuta d'abord à Vienne en Autriche deux ascensions qui n'eurent aucun succès; puis il vint à Paris, en 1812, pour y faire une troisième tentative. Une foule nombreuse accourut à ce spectacle, attirée par des annonces pompeuses. Mais le pauvre aéronaute, loin d'être soutenu par ses ailes, avait peine à les porter. Il redescendit après s'être lourdement agité en l'air pendant quelques minutes. La multitude désappointée l'accabla de huées et de coups, et mit sa machine en pièces.

Pauly de Genève, le même que nous avons, dans notre volume sur les *Feux de guerre*, signalé comme l'inventeur du fusil à piston, construisit à Londres, en 1816, une immense machine housing pisciforme qu'il destinait à des transports aériens réguliers; il en fut pour ses frais, n'ayant trouvé ni actionnaires qui voulussent risquer leurs capitaux dans son entreprise, ni voyageurs qui voulussent risquer leur vie dans son navire. Son idée, du reste, n'était pas neuve. En 1789, le baron Scot avait proposé sans succès un poisson aérien artificiel.

A la même époque où Pauly échouait de l'autre côté du détroit, un Français, M. Charles Guillé, imaginait un ballon ovoïde muni d'un large gouvernail et de deux grandes ailes en forme de losange. Ce ballon resta à l'état de projet. Il en fut de même de celui qui eut pour auteur M. Charles Genet, neveu de la célèbre Mme Campan. M. Charles Genet avait émigré pendant la révolution et s'était établi aux États-Unis. Il prit du gouvernement de ce pays un brevet pour un aérostat soi-disant dirigeable, qui ne fut jamais que décrit et dessiné. Cet aérostat devait être de forme hémisphérique, avoir cinquante mètres de long sur quinze de large et dix-huit de haut, et porter suspendue à ses flancs une vaste plate-forme où l'on eût placé un appareil à hydrogène et un mécanisme mû par des chevaux.

En 1834, un homme riche, plus enthousiaste qu'éclairé, plus généreux que prudent, M. Lennox, construisit à grands frais un ballon qu'il baptisa du nom ambitieux de l'*Aigle*. On répandit à profusion un prospectus où il était dit monts et merveilles de ce *navire aérien*. C'était un immense cylindre terminé en cône à ses deux extrémités. Il avait cinquante mètres de longueur et quinze de hauteur; il était muni d'une *vessie natatoire*, de rames tournantes, d'un gouvernail, etc. Sa nacelle avait vingt-trois mètres de long et devait emporter quarante-sept personnes dans un voyage de long cours; enfin « il était construit avec une étoffe particulière de façon à retenir le gaz pendant plus de quinze jours ... » Déception cruelle! cette machine était si lourde, qu'on eut grand'peine à la traîner jusqu'au Champ-de-Mars. Une fois là, on ne put jamais la décider à s'élever de plus d'un mètre au-dessus du sol; elle fut misérablement détruite par la populace.

En 1839, M. Eubriot construisit un ballon qu'il arma de deux moulinets à quatre ventaux chacun. Ce ballon avait exactement la forme d'un œuf, et, par un calcul tout à fait naïf, M. Eubriot prétendait faire marcher le gros bout en avant pour frayer le passage au petit. Le résultat fut ce qu'il devait être, absolument nul.

En 1843, un Anglais, M. Hanson, tenta de s'élever au moyen d'un aérostat semblable à un grand oiseau; seulement les ailes étaient fixes et n'avaient d'autre prétention que d'augmenter la résistance de l'air inférieur. L'appareil moteur était une hélice mise en mouvement par une machine à vapeur. L'entreprise avorta complétement.

En 1850, il fut grand bruit à Paris d'une invention qui résolvait, disait-on, de la manière à la fois la plus simple et la plus satisfaisante le problème de la direction des ballons. L'auteur de cette découverte, M. Petin, s'exprimait ainsi dans le mémoire qu'il adressa au gouvernement à l'effet d'obtenir un brevet : « Nouveau système de direction aérienne *reposant sur les véritables lois de la locomotion des corps inertes ou animés* et sur l'application de ces lois à la locomotion aérienne, par l'emploi de moyens mécaniques ou physiques *quelconques*, de manière à obtenir deux locomotions alternatives en sens inverse. L'une a lieu en s'appuyant sur les couches supérieures de l'air en s'élevant, l'autre sur les couches inférieures en vertu des lois de la pesanteur. Une force d'activité qui règle à son gré l'emploi ou la répartition des actions de la pesanteur et de la résistance de l'air à ces actions sur les différentes parties de l'appareil, et cela, soit dans un plan vertical, soit sur un plan incliné. J'ai imaginé un appareil qui matérialise, pour ainsi dire, chaque principe dans lequel chaque organe a sa fonction en vue de l'ensemble. A cet appareil j'ai donné le titre de locomotive aérostatique Petin *à double point de suspension stable*. Cette locomotive peut servir au transport des hommes et des marchandises. Elle a cent cinquante mètres de longueur, vingt-sept de largeur et trente de hauteur. *Elle peut transporter cinq cents hommes avec des vitesses de dix, vingt, trente et même cinquante lieues à l'heure*. Elle ne coûterait pas plus de cent mille francs. »

« Ce que l'on conçoit bien s'énonce clairement, » a dit Boileau. A en juger par le galimatias qu'on vient de lire, il est permis de douter que M. Petin se comprît bien lui-même. Toutefois le gouvernement lui accorda un brevet, *sans garantie*, bien entendu ; mais le public se prit de belle passion pour le nouveau système : une souscription fut organisée et produisit, si nous avons bonne mémoire, une somme assez ronde. En outre, M. Petin donnait tous les dimanches des séances publiques consacrées à la démonstration de sa théorie, et la modique rétribution exigée des amateurs était affectée à défrayer l'entreprise. Bientôt on put voir affichée sur les murs de Paris une image représentant la fameuse locomotive aérostatique. Elle se composait de quatre énormes ballons disposés horizontalement *par rang de taille*, et supportant un vaste plancher de chaque côté duquel partaient des châssis garnis de toile. C'étaient ces châssis qui, agissant sur l'air, devaient faire marcher obliquement l'aérostat, tantôt de bas en haut, tantôt de haut en bas. La progression devait être aidée par des hélices fonctionnant au moyen de turbines. Tout cela était fort ingénieux sans doute; mais on ne peut s'empêcher de trouver à cette belle machine une certaine analogie avec la lanterne magique que ce singe dont parle la Fontaine montrait aux animaux, et qu'il avait oublié d'éclairer. Si la lumière est l'âme d'une lanterne, le mouvement est l'âme d'une machine, et c'est précisément ce qui manquait à celle de M. Petin. Le mouvement serait donné, disait-il, par un moteur *quelconque*. C'était là le moindre de ses soucis! Que le vulgaire ignorant ait partagé à cet égard l'étrange aveuglement de l'inventeur, cela se conçoit; mais on a droit de s'étonner de l'attention et de la critique sérieuses dont la locomotive aérostatique Petin fut l'objet de la part d'hommes instruits et intelligents... M. Petin était d'ailleurs, rendons-lui cette justice, un visionnaire honnête; les sommes qu'il recueillit furent scrupuleusement consacrées par lui à la construction de son navire aérien, qui pourtant ne fut point terminé. Il quitta son ingrate patrie, pour aller chercher en Angleterre ou en Amérique de plus justes appréciateurs de son génie. Nous n'avons pas appris qu'il ait obtenu ailleurs plus de succès qu'en France.

Je passe sous silence la multitude des poissons volants, des ballons ovoïdes et cylindro-coniques avec rames, voiles et gouvernail, qui n'ont fait que paraître et disparaître. Je ne dirai rien non plus du ballon de cuivre construit en 1843 par Dupuis-Delcourt, et que le malheureux aéronaute fut réduit à vendre au poids, sans même avoir pu en achever la construction. Dupuis-Delcourt n'était pourtant pas un esprit absolument chimérique, et dans ses conceptions les plus irréalisables il y avait quelque chose de rationnel. Il avait bien senti l'impossibilité de faire marcher un ballon contre le vent par des procédés mécaniques; mais il ne croyait pas impossible de le faire descendre et monter assez aisément pour réaliser l'idée de Meusnier, la direction par les courants, et il a exécuté dans ce but deux tentatives qui méritent d'être mentionnées.

La première eut lieu, le 7 novembre 1824, au moyen d'une *flotte aérostatique* composée d'un ballon de grande dimension et de quatre beaucoup plus petits. Le premier portait seul une nacelle où M. Dupuis-Delcourt s'était placé avec un de ses amis, M. Richard. Les autres étaient amarrés aux extrémités de deux vergues se croisant à angle droit; ils y étaient retenus par des cordes pesant sur de petites poulies et s'enroulant sur des treuils fixés aux quatre angles de la nacelle. Ils étaient destinés à prendre, selon les manœuvres, position à diverses hauteurs au-dessus du ballon principal, soit afin de diminuer sa légèreté spécifique, soit afin d'indiquer aux aéronautes la direction des courants supérieurs. Mais lorsque, parvenus à une certaine élévation, les voyageurs voulurent monter plus rapidement en jetant leur lest, les petits ballons se couchèrent, pour ainsi dire, à l'extrémité des vergues, et au lieu d'aider au mouvement ascensionnel, ils semblèrent ne le suivre que traînés à la remorque par le ballon principal. En outre les vergues déjetées et les cordes gonflées par l'humidité se refusèrent à toute espèce de manœuvre. L'expérience avorta donc complétement.

Plus tard, en 1847, M. Dupuis-Delcourt s'associa au docteur belge Van-Hecke, qui avait imaginé une combinaison par laquelle on espérait également procurer l'ascension et la descente facultative du ballon, sans le secours du lest et sans déperdition du gaz, par l'emploi d'une sorte de pale en soie tendue sur des châssis d'acier, et frappant l'air, soit de haut en bas, soit de bas en haut. Van-Hecke et Dupuis-Delcourt firent, le 24 septembre 1847, un essai de cet appareil, dont les effets se réduisirent à peu près à rien. La compagnie qui s'était formée pour l'exploitation de leur système, sur lequel on avait fondé des espérances, se refusa alors à fournir de nouvelles ressources, et la tentative ne put être poussée plus loin.

Nous arrivons à l'essai le plus sérieux, sans contredit, qui ait été fait en vue de la navigation aérienne avec les ballons. Cet essai est celui de l'ingénieur Henri Giffard, le savant constructeur des ballons captifs de Paris et de Londres.

M. Giffard construisit, en 1852, un ballon de forme très-allongée, terminé en pointe à ses deux extrémités, ayant douze mètres de diamètre en son milieu, et quarante-quatre mètres de long, et cubant deux mille cinq cents mètres. Cet aérostat était enveloppé d'un filet duquel partaient, de chaque côté, des cordes venant s'attacher à une traverse de bois horizontale de vingt mètres de longueur. Cette traverse portait à son extrémité une espèce de voile triangulaire, assujettie par un de ses côtés à la dernière corde partant du filet, et qui lui servait de charnière ou d'axe de rotation ; — car la voile dont il s'agit n'était point destinée à faire marcher le nouveau vaisseau aérien, mais simplement à faire fonction de quille et de gouvernail. — Le moteur du navire, c'était une machine à vapeur, mais une machine présentant des dispositions spéciales, combinées avec une rare habileté, de manière à éviter tout danger d'incendie. Laissons parler, sur ce sujet, l'inventeur lui-même.

« La chaudière, écrivait-il dans sa relation, publiée dans le journal *la Presse*, du 26 septembre 1852, est verticale et à foyer intérieur sans tubes ; elle est entourée extérieurement, en partie, d'une enveloppe en tôle qui, tout en utilisant mieux la chaleur du charbon, permet aux gaz de la combustion de s'écouler à une plus basse température ; la cheminée est dirigée de haut en bas, et le tirage s'y opère au moyen de la vapeur, qui vient s'y élancer avec force à sa sortie du cylindre, et qui, en se mélangeant avec la fumée, abaisse encore considérablement sa température, tout en la projetant rapidement dans une direction opposée à celle de l'aérostat. La combustion du charbon a lieu sur une grille complétement entourée d'un cendrier, de sorte qu'en définitive il est impossible d'apercevoir extérieurement la moindre trace de feu. »

Le combustible qu'employait M. Giffard était du coke de bonne qualité. Quant à l'appareil propulseur, c'était une hélice à trois ailes de trois mètres quarante centimètres de diamètre, animée d'une vitesse d'environ cent dix tours par minute. La force développée par la machine pour obtenir ce mouvement était de trois chevaux, représentant la force musculaire de vingt-cinq ou trente hommes. Le poids du moteur proprement dit, indépendamment de l'approvisionnement et de ses accessoires, était de cent kilogrammes pour la chaudière, et cinquante-trois kilogrammes pour la machine ; en tout cent cinquante kilogrammes, soit cinq à six kilogrammes par force d'homme; en sorte que, pour produire le même effet à l'aide du travail musculaire, il eût fallu enlever vingt-cinq à trente hommes pesant ensemble environ mille huit cent kilogrammes, c'est-à-dire douze fois plus que la machine. De chaque côté de celle-ci se trouvaient deux bâches contenant, l'une la provision de coke, l'autre la provision d'eau. Cet approvisionnement représentait la quantité de lest dont il faut toujours se munir, ne fût-ce que pour parer aux fuites de gaz à travers le tissu; de sorte qu'ici la dépense de la machine, loin d'être nuisible, avait cet effet, très-avantageux, de délester graduellement l'aérostat sans qu'on eût besoin de recourir aux projections de sable et aux autres moyens employés dans les ascensions ordinaires.

La force ascensionnelle, fournie par deux mille six cents mètres cubes de gaz d'éclairage, était de mille huit cents kilogrammes. L'aérostat avec sa machine, ses agrès et une personne montée sur le châssis de la machine, pesait mille cinq cent cinquante kilogrammes. En ajoutant à ce poids les dix kilogrammes de force ascensionnelle nécessaire au départ, on pouvait encore disposer d'une force de deux cent quarante-huit kilogrammes qu'il convenait d'affecter uniquement à l'approvisionnement d'eau et de charbon, c'est-à-dire au lest. Tout cela posé, la stabilité de l'appareil assurée et le danger d'incendie écarté, M. Giffard comptait sur une vitesse en air calme de deux à trois mètres par seconde, laquelle devait s'ajouter à la vitesse du vent ou en être retranchée, selon que l'aérostat marcherait avec ou contre le vent, absolument comme cela a lieu pour un bateau descendant ou remontant un courant quelconque. Dans tous les cas, l'appareil devait pouvoir s'écarter plus ou moins de la ligne du vent, et former avec celle-ci un angle dépendant de la vitesse de ce dernier.

Confiant dans la justesse de ces calculs, M. Giffard s'éleva de l'hippodrome de Paris, le vendredi 24 septembre 1852, à 5 heures du soir. S'élever, c'était déjà plus que n'avait pu faire aucun de ses devanciers. « Le vent, dit-il, dans la relation déjà citée, soufflait avec une assez grande violence. Je n'ai pas songé un seul instant à lutter directement contre la violence du vent; la force de la machine ne me l'eût pas permis; cela était prévu et démontré par le calcul. Mais j'ai opéré avec le plus grand succès diverses manœuvres de mouvement circulaire et de déviation latérale.

« L'action du gouvernail se faisait parfaitement sentir, et à peine avais-je tiré légèrement une de ses deux cordes de manœuvre, que je voyais immédiatement l'horizon tournoyer autour de moi. Je suis monté à une hauteur de mille cinq cents mètres, et j'ai pu m'y maintenir horizontalement à l'aide d'un nouvel appareil que j'ai imaginé, et qui indique immédiatement le moindre mouvement vertical de l'aérostat.

« Cependant la nuit approchant, je ne pouvais rester plus longtemps dans l'atmosphère. Craignant que l'appareil n'arrivât à terre avec une certaine vitesse, je commençai à étouffer le feu avec du sable; j'ouvris tous les robinets de la chaudière. La vapeur s'écoula de toutes parts avec un fracas horrible; j'eus un moment la crainte qu'il ne se produisît quelque phénomène électrique, et pendant quelques instants je fus enveloppé d'un nuage de vapeur qui ne me permettait plus de rien distinguer. J'étais en ce moment à la plus grande élévation que j'aie atteinte; le baromètre marquait mille huit cents mètres. Je m'occupai immédiatement de regagner la terre; ce que j'effectuai très-heureusement dans la commune d'Emcourt, près Trappe, dont les habitants m'accueillirent avec le plus grand empressement, et m'aidèrent à dégonfler l'aérostat. »

M. Giffard perfectionna encore son système, d'après les données que lui avait fournies cette première expérience, et il exécuta en 1855, avec un nouveau ballon de trois mille deux cents mètres cubes, une nouvelle ascension en compagnie de M. Yon, qui l'avait déjà aidé dans son premier essai. Cette seconde expérience ne fut pas moins heureuse.

« Au moment du départ, dit M. G. Tissandier, la machine était chauffée à toute pression, et les spectateurs présents virent avec admiration l'appareil tenir tête au vent pendant quelques instants (1). »

Plus tard encore, M. Giffard réussit à obtenir très-économiquement, comme nous l'avons vu au chapitre précédent, le gaz hydrogène pur à bon marché, par la décomposition de l'eau sur le charbon; ce qui permettait de

(1) *Les Ballons dirigeables*, broch. gr. in-18 de 62 pages. Paris, 1872.

donner au ballon un moindre volume, tout en réalisant une force ascensionnelle plus considérable. Mais ce progrès même serait presque comme non avenu, si M. Giffard n'avait résolu aussi un autre problème vainement poursuivi jusqu'alors, en préparant une étoffe parfaitement imperméable au « subtil fluide ».

Est-ce à dire que, comme on l'a dit et répété, comme M. G. Tissandier lui-même le déclare, M. Giffard ait « résolu en principe » le grand problème de la direction des ballons? Nous ne le pensons pas, et nous en dirons tout à l'heure la raison. Mais disons d'abord quelques mots des essais qui ont suivi celui de M. Giffard.

Pendant le siége de Paris, un membre de l'académie des Sciences, occupant une haute position dans le corps du génie maritime, et qui faisait alors partie du « conseil de défense, » M. Dupuy de Lôme, obtint du gouvernement une allocation de quarante mille francs pour la construction d'un aérostat dirigeable, dont il possédait, disait-il, tous les éléments théoriques. Le siége suivit son cours et l'armistice fut conclu avant que M. Dupuy de Lôme eût achevé la construction de son aérostat, et ce fut seulement le 2 février 1872 que l'appareil put être essayé.

Nous croyons inutile d'analyser la minutieuse description que M. Dupuy de Lôme en a donnée à l'Académie des sciences dans le courant du même mois. Quelques mots nous suffiront pour en donner une idée. Ce ballon était de même forme que celui de M. Giffard, mais un peu moins allongé. Sa longueur totale était de trente-six mètres douze centimètres, sur un diamètre maximum de quatorze mètres quatre-vingt-quatre centimètres. Il était couvert, à sa partie supérieure et jusqu'à son équateur horizontal, d'une enveloppe à laquelle s'attachaient deux filets : l'un extérieur, servant d'attache à la nacelle; l'autre intérieur, destiné à donner à l'ensemble les conditions de stabilité jugées nécessaires par l'auteur. Le ballon portait à l'arrière, comme celui de M. Giffard, une voile triangulaire servant de gouvernail. La nacelle, très-allongée, pouvait donner place à quatorze personnes, dont huit hommes d'équipage pour faire tourner à force de bras l'arbre d'une hélice. L'étoffe du ballon se composait d'un taffetas blanc et d'un nansout soudés ensemble par sept couches de caoutchouc et recouverts d'un vernis à la gélatine.

Pour assurer la permanencee de la forme de l'aérostat sans ondulations sensibles de la surface de son enveloppe, M. Dupuy de Lôme plaça à l'intérieur un ballonnet dont le volume était le dixième de celui du grand ballon, et dans lequel, au moyen d'un ventilateur placé dans la nacelle, il injectait de l'air au fur et à mesure du dégonflement produit par le jeu des soupapes. Le gaz employé pour gonfler le grand ballon était de l'hydrogène pur produit par la décomposition de l'eau au moyen du fer et de l'acide sulfurique.

M. G. Tissandier, dans l'opuscule que nous avons cité plus haut, établit sans peine ce qu'on a déjà pu constater d'après la description sommaire que nous venons de donner, à savoir que l'aérostat soi-disant dirigeable de M. Dupuy de Lôme reproduit dans ce qu'il a de rationnel et de bien conçu toutes les dispositions précédemment imaginées et appliquées par M. Giffard. Là où M. Dupuy de Lôme a innové ou cru innover, il est resté fort en arrière et au-dessous de son devancier, dont, soit dit en passant, il n'a pas même prononcé le nom dans le long mémoire consacré à exposer la structure et à faire valoir les mérites de sa prétendue invention. Ainsi M. Giffard avait réussi le premier, par un ensemble de combinaisons merveilleusement habiles, à appliquer la machine à vapeur à la navigation aérienne. M. Dupuy de Lôme n'a rien su trouver de mieux, pour mettre son hélice en mouvement, que la force musculaire de huit hommes. C'est l'enfance de l'art! Quant au ballonnet intérieur faisant fonction de vessie natatoire, on sait que c'est là une idée déjà ancienne, puisqu'elle avait été mise en avant pour la première fois par Meusnier, et reprise ensuite par Lennox. Ajoutons que l'aérostat de M. Dupuy de Lôme fut construit par M. Yon, qui avait travaillé pendant plusieurs années sous la direction de Giffard. « M. Dupuy de Lôme ne se doute certainement pas, dit M. G. Tissandier, des services immenses que son constructeur lui a rendus en lui apportant à chaque moment, pour chaque problème de détail, une solution puisée à l'école de M. Giffard. »

Et maintenant, quel a été le résultat obtenu le 2 février 1872, dans l'unique essai qui ait été fait de ce ballon modèle tant vanté par son auteur et, sur la foi de ce dernier, par des gazetiers complaisants et incompétents?

« L'ascension, dit M. G. Tissandier, a été exécutée le 2 février 1872, à onze heures du matin. L'aérostat était gonflé au fort de Vincennes. MM. Dupuy de Lôme, Zédé, Yon, Darlois et dix autres personnes, en y comprenant les hommes de manœuvre, prennent place dans la nacelle. Le « ballon dirigeable » s'élève; il est emporté par le vent et s'oriente dans l'atmosphère sous l'action du gouvernail. Les hommes de manœuvre font agir l'hélice, et le navire a pu être légèrement dévié de la direction du vent. Quoi qu'il en soit, le vent soufflait vers le nord-est; M. Dupuy de Lôme a touché terre dans cette direction; s'il y a eu déviation, elle n'a été que peu sensible. »

C'est-à-dire que le ballon dirigeable de M. Dupuy de Lôme a été aussi peu dirigé que possible.

La livraison du 7 février 1875 des *Annales industrielles* contient la description d'un autre ballon dirigeable construit par un allemand, M. Hanlein, qui s'est, dit l'auteur de l'article, M. L. Dreyfus, emparé de l'idée de M. Dupuy de Lôme. C'est de M. Giffard qu'il aurait dû dire, d'autant que M. Hanlein s'est gardé de recourir, pour la mise en mouvement de son propulseur, à l'action du travail humain. Il n'a pas fait usage d'une machine à vapeur, mais, ce qui revient à peu près au même, d'une machine à gaz, système Lenoir, de la force de trois chevaux et demi. « Des essais, dit M. Dreyfus, ont été faits à Brünn avec ce ballon, mais en le maintenant captif. La grande densité du gaz dont on disposait ne permettait pas, paraît-il, d'avoir une force ascensionnelle suffisante (1). L'espace libre dans lequel le ballon pouvait se mouvoir était toutefois encore assez considérable : six cent mètres environ. Ainsi restreints, les essais auraient donné les résultats les plus satisfaisants, et le ballon se serait montré parfaitement dirigeable (c'est au moins un journal allemand, le *Maschinen-Constructeur,* qui l'affirme). « Dans la marche, vent contraire, la vitesse relative du ballon a été estimée à cinq mètres. La consommation du gaz par la machine a été de cinq à sept mètres cubes par heure, et la quantité d'eau

(1) On voit d'après cela que l'aéronaute allemand n'a su employer que le gaz d'éclairage. Il lui eût été cependant facile de faire usage de l'hydrogène pur comme ses devanciers français, qu'il a d'ailleurs si bien imités.

vaporisée dans le même temps, de dix à douze kilogrammes. »

En résumé, de toutes les tentatives faites depuis l'origine de l'aérostation pour diriger les ballons, une seule, celle de M. Henri Giffard, se présente avec les caractères d'une conception vraiment scientifique. De là vient que plusieurs écrivains compétents, et parmi eux M. G. Tissandier, ont cru pouvoir déclarer que, grâce à M. Giffard, le problème était *résolu en principe;* comme s'il n'y avait plus à réaliser que des perfectionnements de mécanisme et de construction pour que le problème soit résolu *en fait,* d'une manière pratique, et qu'on n'eût qu'à marcher devant soi dans une voie désormais ouverte et frayée.

Nous avouons ne pas partager cette manière de voir. Selon nous, M. Giffard a fait pour la direction des ballons tout ce qu'il est possible de faire dans l'état actuel de nos connaissances et de nos moyens d'action. Après lui, selon l'expression populaire « il faut tirer l'échelle » : on n'ira pas plus loin, et la question reste en l'état où elle était dans la première moitié de ce siècle. Les systèmes proposés ou essayés peuvent se ramener tous à deux ordres d'idées. Dans le premier, on renonce à diriger réellement le ballon, et l'on prétend simplement mettre à profit les courants qui règnent aux diverses hauteurs de l'atmosphère, et dont quelques-uns ont une direction plus ou moins régulière et une durée plus ou moins longue. Cette méthode est exempte d'ambition ; elle se soumet de bonne grâce au despotisme des vents; elle se résigne à attendre leur bon plaisir, à n'aller à l'est que lorsque le vent souffle de l'ouest, au sud que lorsqu'il souffle du nord, et ainsi de suite. Cependant elle se heurte contre une difficulté qu'on n'a point encore surmontée : la difficulté de monter et de descendre avec une aisance suffisante, sans épuiser trop vite le lest qu'il faut jeter pour monter et le gaz qu'il faut perdre pour descendre. Ce n'est pas là une solution : c'est un aveu d'impuissance.

Dans le second système, on se préoccupe de chercher la forme et les dispositions qu'il faut donner au ballon et à sa nacelle, les agrès, le propulseur et surtout le moteur dont il faut le pourvoir pour le diriger au besoin contre le vent, et cela avec une vitesse telle, qu'il devienne un véhicule plus rapide, plus commode, plus sûr que la locomotive et le bateau à vapeur; — car remarquons bien que l'aéronautique, tant qu'elle n'aura pas rempli ces conditions, qu'elle ne réalisera pas un progrès effectif sur nos moyens actuels de transport, ne sera qu'une chose de fantaisie, un tour de force stérile.

Or, il ne faut pas l'oublier, le ballon, quelle que soit sa forme, n'est autre chose qu'une bulle de gaz tenue en suspension dans l'air, devenue partie intégrante de ce fluide, impliquée forcément dans toutes ses fluctuations, et d'autant plus incapable d'acquérir un mouvement qui lui soit propre, que son volume sera plus considérable. En effet, pour qu'un corps puisse se mouvoir dans un fluide, il doit présenter un faible volume avec une *masse* suffisante où le mouvement produit par la force motrice dont il est animé s'accumule de façon à vaincre la résistance du milieu. En outre, la force doit être très-considérable par rapport à la masse et surtout au volume; car le volume augmente la résistance du milieu, en même temps que celui-ci, en raison même de sa fluidité, n'offre qu'un point d'appui fugitif aux agents de propulsion, quels qu'ils soient, que la force fait mouvoir. Il est évident que le ballon ne remplit aucune de ces conditions; il est nécessairement très-volumineux, et il n'a qu'une masse très-faible; et son volume devra croître et sa densité spécifique diminuer d'autant plus qu'on lui adjoindra un moteur plus puissant, et par conséquent plus lourd, puisque, dans l'état présent de nos ressources mécaniques, ces deux termes sont inséparables et adéquats. Ah! si on avait un moteur... électrique, par exemple, capable de développer, sous un petit volume et avec des organes très-légers, une force de plusieurs chevaux! — Alors... mais alors la même force qui ferait avancer le navire aérien contre le vent saurait aussi le soutenir, et il faudrait se hâter d'abandonner le ballon, qui non-seulement ne serait plus d'aucun secours, mais deviendrait un impédiment, un boulet, une bouée, selon l'expression de Nadar, paralysant la marche de l'appareil par son inertie et par l'immense surface qu'il offre à l'action du vent.

Malheureusement nous ne possédons encore d'autre moteur que la machine à vapeur, et nous avons vu que cette machine, réduite à son maximum de simplicité et à son minimum de poids, comme celle de M. Giffard, pèse encore, avec ses accessoires, sa provision d'eau et de coke, près de six cents kilogrammes. Avec cela on n'obtient qu'une force de trois chevaux; comme le coke est vite brûlé et l'eau promptement vaporisée, on ne va pas loin, et l'on ne va toujours qu'avec le vent : un peu à droite ou un peu à gauche, un peu plus ou un peu moins vite, voilà tout. Même résultat!

Parmi les inventeurs de systèmes de direction de ballons, les uns se sont efforcés de faire de leur machine un *navire* aérien; ils ont méconnu les conditions élémentaires de la statique et de la mécanique, appliquées à un corps qui se meut ou veut se mouvoir dans un gaz; ils ont oublié que le navire marche sur l'eau et non dans l'eau, ce qui est absolument différent. D'autres, tenant compte de cette circonstance, ont cru prendre pour modèle le poisson, et ils se sont persuadé qu'il suffisait de donner au ballon une forme allongée imitant celle d'un poisson. Ils n'ont pas songé que le poisson n'est qu'un muscle; qu'il nage bien moins par le mouvement de ses nageoires et de sa queue que par les vigoureuses et rapides ondulations de son corps, et qu'ainsi conformé d'une façon si admirable pour se mouvoir au sein de l'élément liquide, il ne s'y meut encore qu'avec une vitesse relativement médiocre. Enfin, ils n'ont pas remarqué que l'ingénieuse nature s'est bien gardée de donner à traîner au poisson, non plus qu'à l'oiseau, un sac volumineux, rempli d'un fluide plus léger que le milieu ambiant.

Ces considérations, il faut le reconnaître, n'ont point échappé à M. Nadar et aux autres partisans de l'*aviation*. Ceux-ci, quoique peu versés dans la physique et la mécanique, ont bien compris la nécessité d'abandonner le ballon, et de revenir au pigeon d'Archytas. Ils voulaient construire quelque chose comme un oiseau artificiel, et ils insistaient sur ce point que l'appareil projeté devrait être *plus lourd que l'air*. Plus lourd que l'air! c'est très-bien; mais après? Comment M. Nadar comptait-il accomplir la « conquête de l'air » et faire du « droit au vol », revendiqué bruyamment dans un de ses écrits, une réalité pratique? — Comment? avec l'hélice, avec sa *chère hélice*, qui remplacerait avec avantage, pour le vol humain, les fonctions affectées à l'aile pour le vol de l'oiseau. Très-bien encore; mais cela n'est que secondaire : l'hélice est un *organe propulseur*, et non point un *moteur*. Comme Petin et plusieurs autres de ceux qu'il traite avec un dédain superbe, M. Nadar a négligé justement le point fondamental, le seul point sur lequel repose le *to be or not to be* de la navigation aérienne : la production du mouvement. Sa chère hélice ne tournera pas toute seule. Qui lui imprimera le mouvement énergique qui enlèvera, soutiendra, entraînera, en un mot, fera voler le navire? Une machine. Quelle machine? nous retombons toujours sur ce x, sur cette inconnue faute de laquelle tous les projets de direction aéronautique échoueront misérablement.

FIN

TABLE

5318. — Tours, impr. Mame.

BIBLIOTHÈQUE
DE LA JEUNESSE CHRÉTIENNE

FORMAT PETIT IN-8°

ADOLPHE, ou Comment on se corrige de l'étourderie, par Et. Gervais.
AÏSSÉ, ou la jeune Circassienne, par Marie-Ange de T***.
ANSELME, par Etienne Gervais.
AVENTURES D'UN FLORIN (les), racontées par lui-même.
BARON DE CHAMILLY (le), par Etienne Gervais.
BASTIEN, ou le Dévouement filial, par Mme Césarie Farrenc.
BATELIÈRE DE VENISE (la), par Mlle Louise Diard.
BONNES LECTURES (les), Souvenirs et Récits authentiques, par F. Cassan.
CLÉMENTINE, ou l'Ange de la réconciliation, par Marie-Ange de T***.
CORBEILLE DE FRAISES (la), par Marie-Ange de T***.
DESSUS DU PANIER (le), histoires pour la jeunesse, par Jean Grange.
DIRECTRICE DE POSTE (la), par Marie-Ange de T***.
DUMONT D'URVILLE, par Fr. Joubert.
ELISABETH, ou la Charité du pauvre récompensée, par M. d'Exauvillez.
ELOI, ou le Travail, par Etienne Gervais.
EUPHRASIE, ou l'Enfant abandonnée, par Marie-Ange de T***.
EXCURSION EN SYRIE, EN PALESTINE ET EN EGYPTE.
EXILÉES DE LA SOUABE (les), par Mlle Louise Diard.
FAMILLE DE MONTAUBERT (la), par Félix Joubert.
FILLE DU DOCTEUR (la), par Marie-Ange de T***.
FILLE DU MEUNIER (la), ou les Suites de l'Ambition, par Mlle L. Diard.
HENRIETTE, ou Piété filiale et Dévouement fraternel, par Stéph. Ory.
JACQUES BLINVAL, ou l'Ami chrétien, par J.-N. Tribaudeau.
JUDITH, par M. l'abbé Henry.
LOUISE LECLERC, par Marie-Ange de T***.
LUCIA CESARINI, par Mme de Labadye.
MADAME DE GÉVRIER, ou la Pénélope chrétienne, par Marie-Ange de T***.
MARIANNE, ou le Dévouement, par Marie-Ange de T***.
NAVIGATION AÉRIENNE (la), par Arthur Mangin.
PAPE BENOIT XIII (le), 1724-1730, par J. Chantrel.
PARMENTIER, par Fr. Joubert.
PÊCHEUR DE PENMARCK (le), par E. Bossuat.
PROVERBES ET NOUVELLES, par Jean Grange.
RÉCITS AMÉRICAINS, par M. Xavier Marmier, de l'Académie française.
RICHARD LENOIR, par Fr. Joubert.
TANTE MARGUERITE (la), par Marie-Ange de T***.
TÉRÉSA, par E. Bossuat.
TRÉSOR DE LA MAISON (le), par Maurice Barr.
TROIS COUSINS (les), ou le Prix du temps, par Théophile Ménard.
VAUQUELIN, par Fr. Joubert.
VICTOR DUTAILLIS, par Fr. Joubert.
VIERGE DES CAMPAGNES (la), par M. l'abbé Henry.
VOEU EXAUCÉ (le), suivi des DEUX MARIÉES, par Maurice Barr.

Tours. — Impr. Mame.

www.ingramcontent.com/pod-product-compliance
Lightning Source LLC
LaVergne TN
LVHW050415160826
845677LV00002BA/393